Wolfgang Göbels

Prozent- und Zinsrechnung: Regeln – Aufgaben – Lösungen

GRIN Verlag

Bibliografische Information der Deutschen Nationalbibliothek:

Die Deutsche Bibliothek verzeichnet diese Publikation in der Deutschen National-
bibliografie; detaillierte bibliografische Daten sind im Internet über http://dnb.d-
nb.de/ abrufbar.

Impressum:

Copyright © 2011 GRIN Verlag GmbH
Druck und Bindung: Books on Demand GmbH, Norderstedt Germany
ISBN: 978-3-640-99205-8

Dieses Buch bei GRIN:

http://www.grin.com/de/e-book/177408/prozent-und-zinsrechnung-regeln-aufgaben-
loesungen

GRIN - Your knowledge has value

Der GRIN Verlag publiziert seit 1998 wissenschaftliche Arbeiten von Studenten, Hochschullehrern und anderen Akademikern als eBook und gedrucktes Buch. Die Verlagswebsite www.grin.com ist die ideale Plattform zur Veröffentlichung von Hausarbeiten, Abschlussarbeiten, wissenschaftlichen Aufsätzen, Dissertationen und Fachbüchern.

Besuchen Sie uns im Internet:

http://www.grin.com/

http://www.facebook.com/grincom

http://www.twitter.com/grin_com

Wolfgang Göbels

Prozent- und Zinsrechnung

Regeln – Aufgaben – Lösungen

Tipps zum Training mit diesem Buch

In diesem Buch wird die Prozent- und Zinsrechnung sehr umfassend und vielfältig dargestellt. Zahlreiche teils sehr komplexe Beispiele aus der Praxis tragen zum Verständnis der Zusammenhänge bei. Ein anschließendes Test-Kapitel enthält einen Querschnitt interessanter Anwendungsaufgaben aus vorangegangenen Kapiteln. Danach werden in einem umfangreichen Anhang alle wichtigen Stoffgebiete, die aus vorherigen Klassen bereits bekannt sind, wiederholt, um ein wirklich erfolgreiches Arbeiten mit dem Buch zu gewährleisten. Damit Lernerfolge auch selbstständig überprüft werden können, bietet das letzte Drittel des Buches einen sehr ausführlichen und leicht nachvollziehbaren Lösungsteil zu allen Aufgaben des Buches einschließlich des Test-Kapitels. Die Lösungen enthalten natürlich auch die notwendigen Zwischenschritte, die zur vollständigen Bearbeitung gebraucht werden. Das erleichtert die Fehlersuche bei der Lösung der Aufgaben.

Nun aber im Einzelnen zum Aufbau der Kapitel des Buches. Jedes Kapitel beginnt mit einem farbig unterlegten Informationsteil, in dem die mathematischen Grundlagen und Inhalte kurz und übersichtlich zusammengefasst werden. Danach folgen ein oder mehrere typische Beispiele mit sehr ausführlich erläuterten Musterlösungen. Diese Beispiele sollen die Vorgehensweise bei der Lösung der nachfolgenden Aufgaben verdeutlichen. An wichtigen Stellen sind Tipps eingebaut. Die ersten Aufgaben zu jedem Kapitel sollten problemlos gelöst werden können. Aber sie werden immer schwerer. Stellenweise völlig unbekannte Inhalte können auch ausgelassen werden.

Im Inhaltsverzeichnis am Anfang des Buches sind alle Themen der Reihe nach aufgelistet. Die Reihenfolge des Durcharbeitens kann individuell festgelegt werden. Das Stichwortverzeichnis am Ende des Buches enthält Begriffe, die nicht im Inhaltsverzeichnis stehen, die jedoch bekannt sein sollten.

Damit das Gelernte auch dauerhaft im Gedächtnis bleibt, sollte die Faustregel gelten: Lieber täglich kurz üben als nur einmal wöchentlich sehr lange.

Das vorliegende Buch wurde mit größtmöglicher Sorgfalt erstellt und detailliert auf Fehler überprüft. Wegen der enormen Komplexität des Inhalts können Fehler dennoch nicht völlig ausgeschlossen werden. Eine Haftung kann nicht übernommen werden.

Viel Spaß und Erfolg beim Üben und gute Noten wünschen der Autor und der Verlag.

Inhalt

A Grundbegriffe der Prozentrechnung

1 Der Prozentbegriff

Anteile am Ganzen sind besser vergleichbar, wenn man sie auf einen Bruch mit dem Nenner 100 bringt. Den Zähler eines solchen Bruches nennt man **Prozent** und verwendet das Zeichen %.

Allgemein bezeichnet man p% = $\frac{p}{100}$ als **Prozentsatz**   (sprich: p Prozent).

Berechnet man einen Prozentsatz von einem **Grundwert** (G), so erhält man den zugehörigen **Prozentwert** (P).

Ein Dezimalbruch kann leicht in einen Prozentsatz umgewandelt werden, indem man das Komma um zwei Stellen nach rechts verschiebt und gleichzeitig das Prozentzeichen setzt.

Ein sehr kleiner Prozentsatz wird gelegentlich auch als **Promillesatz** bezeichnet: $\qquad\qquad\qquad$ p‰ = $\frac{p}{1000}$.

a) $\qquad \frac{7}{20} = \frac{35}{100} = 35\%$ $\qquad$ oder $\qquad \frac{7}{20} = 0{,}35 = 35\% = 350‰$

b) $\qquad$ In einer Klassenarbeit schreiben von 30 Schülerinnen und Schülern 9 eine sehr gute Arbeit. Wie viel Prozent sind das?
$\qquad \frac{9}{30} = \frac{3}{10} = \frac{30}{100} = 30\%$

c) $\qquad \frac{9}{40} = \frac{225}{1000} = 225‰$ $\qquad$ oder $\qquad \frac{9}{40} = 0{,}225 = 225‰ = 22{,}5\%$

1. $\qquad$ Zeichne ein Rechteck mit 100 Rechenkästchen. Färbe es wie beschrieben und gib an, wie viel Prozent des Rechtecks ungefärbt bleiben.

$\qquad$ a) $\qquad$ 12% rot $\qquad\qquad\qquad$ b) $\qquad$ 48% grün, 27% blau

$\qquad$ c) $\qquad \frac{17}{25}$ rot $\qquad\qquad\qquad$ d) $\qquad$ 14% grün, 0,15 blau

2. Wie viel Prozent des Kreuzworträtselschemas können mit Buchstaben ausgefüllt werden? Welcher Anteil der Fläche bleibt frei?

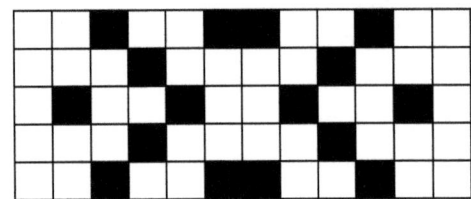

3. Verwandle in einen Prozentsatz.

a) $\frac{11}{25}$ b) 12 von 30   c) 0,123

d) $\frac{30}{72}$ e) $0,01\overline{6}$ f) $\frac{3}{7}$

4. Schreibe zunächst als vollständig gekürzten und gegebenenfalls gemischten Bruch und anschließend als Dezimalbruch.

a) 24%   b) $66,\overline{6}\,\%$ c) $5\frac{3}{4}\,\%$

d) 0,032%   e) 4,25%   f) 1,05%

5. Ordne der Größe nach in aufsteigender Reihenfolge.

a) 6% ; $\frac{2}{3}$; $0,66$; $6,6\%$; $\frac{1}{6}$; 66%

b) $0,003$; $0,\overline{3}\,\%$; $0,03\%$; $\frac{1}{3}\,\%$; $\frac{1}{30}$; $\frac{3}{100}$

6. Ein Grundstück soll an 9 Personen zu gleichen Teilen vererbt werden. Erbin Anna beansprucht 9%, Erbe Bastian $\frac{1}{9}$ und Erbin Caroline den Anteil 0,9 der Grundstücksfläche. Wer hat Recht?

7. Gegeben sind vier Würfel mit den Kantenlängen 1 cm, 2 cm, 3 cm und 4 cm und ein Quader mit den Kantenlängen 5 cm, 6 cm und 7 cm.

a) Gib jeweils den Volumenanteil eines Würfels am nächstgrößeren Würfel als Bruch, Dezimalbruch und in Prozent an.
b) Gib jeweils den Volumenanteil eines jeden Würfels am Quader als Bruch, Dezimalbruch und in Prozent an.
c) Welchen prozentualen Volumenanteil haben alle Würfel zusammen am Quader?

2 Berechnung des Prozentwertes

Berechnet man den Prozentsatz (p%) von einem bestimmten Grundwert (G), so erhält man den **Prozentwert (P)**.

P = G · p%   **Prozentwert = Grundwert · Prozentsatz**

Wie viel sind 4,5% von 120 kg?

Gegeben: Grundwert   G = 120 kg ;   Prozentsatz   p% = 4,5%

Gesucht: Prozentwert   P

Lösung: $P = 120 \text{ kg} \cdot 4,5\% = 120 \text{ kg} \cdot \frac{4,5}{100} = 120 \text{ kg} \cdot 0,045 = 5,4 \text{ kg}$

Tipp: Rechne mit dem Taschenrechner ganz einfach ohne Prozenttaste:
      1 2 0 x 0 . 0 4 5 =

8.   Berechne den Prozentwert.

a)	6% von 720 €	b)	18,4% von 345 kg
c)	37% von 29,5 m	d)	80% von 11 h 12 min
e)	0,9% von 16,5 l	f)	0,3 % von 33 m²

9.   Berechne die zugehörigen Prozentwerte und fülle die leeren Felder aus. Runde gegebenenfalls Eurobeträge auf c.

p% / G	95 cm	7,5 g	43,88 €	620	156 ml	0,003
8%	7,6 cm					
19%						
0,2%						
3,4%						
150%						
100,5%						

10. Auf die Rechnungsbeträge in der Kopfzeile werden die darunter angegebenen Mehrwertsteuerbeträge erhoben. Der aktuelle Mehrwertsteuersatz beträgt 19%. Überprüfe, ob der jeweilige Mehrwertsteuerbetrag stimmt.

Rechnungsbetrag	5000	150	0,60	0,07	25000	10,50
Mehrwertsteuerbetrag	950	30	0,11	0,01	475	2

11. Die Kondensmilch der Sorte "Glücksblatt" hat einen Fettgehalt von 9% und wird in 340-g-Dosen verkauft, die Sorte „Löwenmarke" mit einem Fettgehalt von 3,5% kann man in 200-g-Tüten kaufen. Wie viel Fett enthalten zwei Dosen Glücksblatt und drei Tüten Löwenmarke zusammen?

12. Die Stufe 7 einer Schule hat vier Klassen, deren Schülerzahlen sich folgendermaßen verteilen:

7a: 32   7b: 28   7c: 30   7d: 26

Die 7a hat $56\frac{1}{4}$ % Mädchen, die 7b 75% Jungen, die 7c 80% Mädchen und die 7d 50% Jungen. Wie viele Mädchen und wie viele Jungen hat die Klassenstufe 7?

13. Für die Museumsexkursion einer Schulklasse fallen Gesamtkosten von 450 € an. Diese teilen sich wie folgt auf.

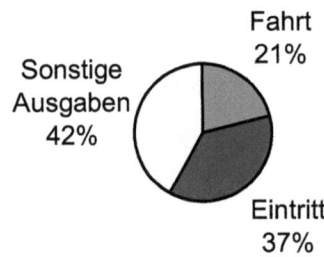

a) Berechne jeweils die Höhe der drei Ausgabenarten.
b) Berechne für jeden Kreisausschnitt den Mittelpunktswinkel.
c) Zeichne ein neues Kreisdiagramm nach obigem Muster für den Fall, dass sich die Ausgaben für den Eintritt auf 40% erhöhen und die sonstigen Ausgaben wiederum doppelt so hoch sein sollen wie die Fahrtkosten. Gib auch die jeweiligen Werte an.

3 Berechnung des Prozentsatzes

Der Prozentsatz (p%) ist der Anteil des Prozentwertes (P) am Grundwert (G).

p% = P : G   **Prozentsatz = Prozentwert : Grundwert**

Wie viel Prozent sind 32,4 m von 135 m?

Gegeben: Prozentwert   P = 32,4 m ;   Grundwert   G = 135 m

Gesucht: Prozentsatz   p%

Lösung: p% = 32,4 m : 135 m = 0,24 = 24%

14.   Berechne den Prozentsatz.

a)   126 € von 840 €   b)   194 kg von 485 kg
c)   15,4 dm von 38,5 m   d)   387 min von 8 h 36 min
e)   352,8 cm^3 von 78,4 l   f) $\frac{3}{4}$ cm² von 0,075 dm²

15.   Berechne die zugehörigen Prozentsätze und runde sie gegebenenfalls auf zwei Dezimalen. Fülle die leeren Felder aus.

G / P	237,5	18,75	109,74	1553	395	0,0032
915,8	25,93%					
334,7						
6,4						
21,78						
531,3						
12,05						

16.   Für eine Geburtstagsparty mixen Andrea, Bastian, Caroline, Dennis, Elli und Ferdi verschiedene Fruchtsäfte. Sie verwenden unterschiedliche Mengen der Zutaten Fruchtsirup und Wasser.

Name	Sirupmenge	Wassermenge	Fruchtsirupgehalt in Prozent
Andrea	$240\ cm^3$	1,2 l	
Bastian	$150\ cm^3$	0,8 l	
Caroline	0,2 l	$980\ cm^3$	
Dennis	$350\ cm^3$	$1,5\ dm^3$	
Elli	0,16 l	0,78 l	
Ferdi	0,12 l	¾ l	

a)   Berechne für jedes einzelne Kind den Fruchtsirupgehalt in Prozent, gegebenenfalls gerundet auf zwei Dezimalen. Fülle die letzte Spalte aus.

b)   Bestimme den Fruchtsirupgehalt in Prozent der Gesamtmischung für den Fall, dass alle Zutaten zusammengemixt werden, gerundet auf zwei Dezimalen.

17.   Die Einwohner des Dorfes Kickingen wetten auf den Erfolg ihrer Fußballmannschaft am nächsten Sonntag.

Wie schneidet unser Fußballverein 1. FC Kickingen ab?				
	Gewinnt	*Verliert*	*Unentschieden*	*Keine Angabe*
Anzahl	828	1188	1188	396
Prozentsatz				

a)   Ergänze die fehlenden Prozentsätze.

b)   Stelle die Prozentsätze in einem Kreisdiagramm dar.

18.   Die Ergebnisse des Achtelfinales der Fußball-Weltmeisterschaft 2002 lauten wie folgt:

15.06. Deutschland – Paraguay 1:0	17.06. Mexiko – USA 0:2
15.06. Dänemark – England 0:3	17.06. Brasilien – Belgien 2:0
16.06. Schweden – Senegal 1:2 n.V.	18.06. Japan – Türkei 0:1
16.06. Spanien – Irland 4:3 n.E.	18.06. Südkorea – Italien 2:1 n.V.

a)   Wie viel Prozent aller Achtelfinalteilnehmer sind Mannschaften aus Europa, Asien, Afrika, Amerika?

b)   Wie viel Prozent der Tore aus allen Achtelfinalspielen erzielten Mannschaften aus Europa, Asien, Afrika, Amerika?

c)   Suche nach weiteren Prozentaufgaben und versuche sie zu lösen.

4 Berechnung des Grundwertes

Der Grundwert (G) ist der Quotient aus Prozentwert (P) und Prozentsatz (p%).

G = P : p%   **Grundwert = Prozentwert : Prozentsatz**

Wie hoch ist der Grundwert, wenn 4% einem Volumen von 235 l entspricht?

Gegeben: Prozentwert   P = 235 l ;   Prozentsatz   p% = 4%

Gesucht: Grundwert G

Lösung: G = 235 l : 4% = 235 l : 0,04 = 5875 l = 5,875 m³

19. Berechne den Grundwert.

a) 17% entspricht 20,91 €   b) 69,8% entspricht 688 t 926 kg

c) 0,025% entspricht $12\frac{1}{4}$ mm   d) $\frac{7}{11}$% entspricht 847 cm²

e) $0,\overline{3}$% entspricht 15 min   f) 496% entspricht 1240 l

20. Berechne die zugehörigen Grundwerte und runde sie gegebenenfalls auf zwei Dezimalen. Fülle die leeren Felder aus.

p% / P	0,036	187,2 l	744	52,65 €	9 kg	114 dm
9%	0,4					
23%						
0,24%						
4,1%						
180%						
120,6%						

21. Der aktuelle Mehrwertsteuersatz beträgt 19%. Berechne aufgrund des angegebenen Mehrwertsteuerbetrags den Rechnungsbetrag ohne Mehrwertsteuer. Runde gegebenenfalls das Ergebnis auf volle Cent.

a)   2000 €   b)   60 €   c)   24 c

d)   0,09 €   e)   12000 €   f)   4,20 €

22. Berechne aufgrund des angegebenen Rechnungsbetrags mit 19% Mehrwertsteuer den Rechnungsbetrag ohne Mehrwertsteuer.

a)   238 €   b)   59,5 €   c)   2,90 €

23. Die Monatsgehälter von drei Angestellten einer Firma werden zum nächsten Monatsersten erhöht. Frau Krause erhält 6,5% mehr, das sind 159,25 €, Herr Müller 5,5% mehr, das sind 121 € und Herr Meier 4% mehr, das sind 110,40 €.

a)   Wie viel hat jeder der drei Angestellten vorher monatlich verdient?

b)   Wie viel wird jeder zum nächsten Monatsersten monatlich verdienen?

24. Frau Leicht hat 5,2 kg abgenommen, nämlich 8% ihres vorherigen Gewichts, während Herr Schwer 8,1 kg zugenommen hat, das sind 9% seines vorherigen Gewichts. Berechne die Gewichte der beiden Personen jeweils vor und nach dem Ab- bzw. Zunehmen.

25. Berechne jeweils die Anzahl der Wahlberechtigten gerundet auf 100000.

Bundestagswahl	Wähleranzahl	Wahlbeteiligung	Anzahl der Wahlberechtigten
2002	48 582 761	79,1%	
1998	49 947 087	82,2%	
1994	47 737 999	79,0%	
1990	46 995 915	77,8%	

5 Vermischte Übungen

26. Fülle die leeren Felder aus.

	a)	b)	c)	d)	e)	f)
Prozentwert	850 kg		47,4 a	349,5 €		550 ha
Prozentsatz		6,6%	15,8%		12,5 %	220%
Grundwert	13,6 t	18 km		2796 €	198 m³	

27. Berechne die gesuchte Größe (Prozentwert, Prozentsatz oder Grundwert).

    a)   In einem Loseimer mit 750 Losen sind 600 Nieten.

    b)   Von den 30 Kindern einer Schulklasse sind 60% Mädchen.

    c)   Leon kauft sich eine Handy-Karte für 15 €. Damit gibt er 3,75% seiner Ersparnisse aus.

    d)   Bei einem Wettbewerb erreicht Nicola 32 von 80 möglichen Punkten.

    e)   Timo erhält beim Kauf eines MP3-Players 18% Preisnachlass (Rabatt), nämlich 27 €.

    f)   Ein Mischwald mit 9600 Bäumen besteht zu 48% aus Fichten.

28. Ein Computer, der ursprünglich 999 € kostete, wird nun mit 33% Rabatt angeboten. Bei Barzahlung gewährt der Händler auf den reduzierten Preis nochmal 2% Skonto (Rabatt bei sofortiger Zahlung). Wie viel kostet der Computer

    a)   nach Gewährung des Rabatts,

    b)   nach Rabatt- und Skontoabzug.

29. Ein Finanzbeamter erhält monatliche Bruttobezüge in Höhe von 3600 € und zahlt hiervon 22% Lohnsteuer. Darüberhinaus werden ihm an Kirchensteuer 9% der Lohnsteuer und als Solidaritätszuschlag nochmals 5,5% der Lohnsteuer abgezogen. Zusätzlich wird monatlich ein fester Betrag von 120 € als Rate für einen Sparvertrag direkt vom Bruttogehalt einbehalten. Berechne

    a) den Lohnsteuerbetrag,

b) den Kirchensteuerbetrag,
c) den Solidaritätszuschlag,
d) die monatliche Rate in Prozent der Bruttobezüge,
e) die monatliche Rate in Prozent der Nettobezüge (Bruttobezüge abzüglich Lohnsteuer, Kirchensteuer und Solidaritätszuschlag).

30. Für einen Seetransport wird ein quaderförmiger Container lückenlos mit quaderförmigen Kisten beladen. Jede Kiste ist 1,45 m lang, 75 cm breit und 3 dm hoch und nimmt 16% des Containervolumens ein. Bestimme das Containervolumen in m³, gerundet auf zwei Dezimalen.

31. Gib jeweils die Bevölkerungsanteile in % auf zwei Dezimalen gerundet an. *(Quelle: Ausländer Zentralregister, Köln, aktualisiert am 20.12.2004)*

a) männlich, b) weiblich, c) für jeden ausländischen Staat.

Bevölkerung Deutschlands am 31.12.2003 in Tausend	
Nach Geschlecht	
Männlich	40 356,0
Weiblich	42 175,7
Nach Staatsangehörigkeit	
Deutsche	75 189,9
Ausländer/-innen	7 341,8
Türkei	1 877,7
Jugoslawien	568,2
Italien	601,3
Griechenland	354,6
Bosnien und Herzegowina	167,1
Polen	326,9
Kroatien	236,6
Österreich	189,5
Vereinigte Staaten	112,9
Mazedonien	61,0
Slowenien	21,8

B Veränderung des Grundwertes

1   Prozentuale Zunahmen

1. Ein um p% erhöhter Grundwert G beträgt $G \cdot \left(1 + \frac{p}{100}\right)$.

2. Ein um g erhöhter Grundwert G nimmt um $\left(\frac{g}{G} \cdot 100\right)$ % zu.

3. Ein von G auf H erhöhter Grundwert G nimmt um $\left(\frac{H-G}{G} \cdot 100\right)$ % zu.

a) Erhöhe 120 € um 35%.
$$120\,\text{€} \cdot \left(1 + \tfrac{35}{100}\right) = 120\,\text{€} \cdot 1{,}35 = 162\,\text{€}$$

b) Bestimme die prozentuale Zunahme von 40 kg um 3 kg.
$$\left(\tfrac{3}{40} \cdot 100\right)\% = 7{,}5\%$$

c) Bestimme die prozentuale Zunahme von 60 km auf 73500 m.
$$\left(\tfrac{73{,}5-60}{60} \cdot 100\right)\% = \left(\tfrac{13{,}5}{60} \cdot 100\right)\% = 22{,}5\%$$

1. Erhöhe

| a) | 12,3 km um 45%, | b) | 235,8 g um 324,5%, |
| c) | 92,63 € um 72%, | d) | 88 hl um 0,076%. |

2. Fülle in jeder der beiden Tabellen die leeren Ergebnisfelder aus. Runde gegebenenfalls auf zwei Dezimalen.

a)

Grundwert	32 ha	68,1 m³	23,45 €	$2\frac{1}{2}$ h	43 t	15,6 km
Zunahme um	4,3 a	987 l	77 c	196 min	812 kg	527 m
Zunahme um ... Prozent						

b)

Grundwert	143 hl	9,15 kg	0,56 c	50 h	432 m	6,4 mg
Zunahme auf	26,4 m³	0,01 t	1,78 €	3 d 2 h	0,6 km	1 g
Zunahme um ... Prozent						

3. Am 1. März 2004 wurden ein 2 m hoher Baum und ein gleich hoher Strauch in einen Garten eingepflanzt. Der Baum wächst jedes Jahr um 1% seiner Vorjahreshöhe, der Strauch jedes Jahr um 1% seiner ursprünglichen Pflanzhöhe. Vergleiche die Höhen beider Gewächse am 1. März 2014.

4. Formuliere selbst Fragestellungen, die zu der jeweiligen Aufgabe passen, und bestimme dann die gesuchten Größen.

    a) Ein Armreif, der heute noch 124 € kostet, soll am Anfang des nächsten Jahres um 8,5% teurer werden.

    b) Der Preis für 1 l Diesel stieg von 98,9 c auf 102,9 c.

    c) Paul war vor einem Jahr 1,62 m groß und ist heute 4 cm größer.

    d) In einem italienischen Restaurant kostet eine Pizza Mozzarella 4,50 € und eine Pizza Siciliano 5,60 €. Beide Pizza-Sorten werden zu Beginn der nächsten Woche um 1 € teurer.

    e) Julias Meerschweinchen wiegt heute 575 g, einen Monat später bringt es 0,695 kg auf die Waage.

5. Patrick ist heute 12 Jahre alt, sein Vater 25 Jahre älter. Um wie viel Prozent ist Patricks Vater älter als sein Sohn, und zwar

    a) heute,   b) in 10 Jahren,

    c) in 20 Jahren,   d) in 30 Jahren.

    e) Vergleiche die prozentualen Altersunterschiede. Was fällt dir auf?

2 Prozentuale Abnahmen

1. Ein um p% verminderter Grundwert G beträgt $G \cdot \left(1 - \frac{p}{100}\right)$.

2. Ein um g verminderter Grundwert G nimmt um $\left(\frac{g}{G} \cdot 100\right)$ % ab.

3. Ein von G auf H verminderter Grundwert G nimmt um $\left(\frac{G-H}{G} \cdot 100\right)$ % ab.

a) Vermindere 350 kg um 15%.
$$350\,\text{kg} \cdot \left(1 - \tfrac{15}{100}\right) = 350\,\text{kg} \cdot 0,85 = 297,5\,\text{kg}$$

b) Bestimme die prozentuale Abnahme von 30 m um 9 dm.
$$\left(\tfrac{9}{30} \cdot 100\right)\% = 30\%$$

c) Bestimme die prozentuale Abnahme von 20 € auf 12,5 €.
$$\left(\tfrac{20-12,5}{20} \cdot 100\right)\% = \left(\tfrac{7,5}{20} \cdot 100\right)\% = 37,5\%$$

6. Vermindere
    a)   23,4 m² um 35%,   b)   346,2 ha um 83,1%,
    c)   40,16 € um 3,3%,   d)   543 t um 0,12%.

7. Fülle in jeder der beiden Tabellen die leeren Ergebnisfelder aus. Runde gegebenenfalls auf zwei Dezimalen.

Grundwert	43 a	68,1 cm²	34,56 €	$4\frac{2}{3}$ min	54 kg	8,9 m
Abnahme um	3,2 a	567 mm²	98 c	63 s	1423 g	12 dm
Abnahme um ... Prozent						

Grundwert	3 d	7,25 g	1,24 €	41 min	43,2 cm	2,3 t
Abnahme auf	11,5 h	914 mg	99 c	886 s	3,7 dm	23 kg
Abnahme um ... Prozent						

8. Zwei Spezialfahrzeuge bremsen zu Testzwecken bei einer Geschwindigkeit von 50 km/h ab. Fahrzeug A wird pro Sekunde um 50%, Fahrzeug B pro Sekunde um 60% langsamer, jeweils im Vergleich zur momentanen Geschwindigkeit. Berechne die Geschwindigkeit beider Fahrzeuge nach 5 Sekunden in m/s.

9. Formuliere selbst Fragestellungen, die zu der jeweiligen Aufgabe passen, und bestimme dann die gesuchten Größen..

    a) Jahreszeitlich bedingt fällt der Preis für eine Schlangengurke von ursprünglich 99 c um 12,5%.

    b) Nach dem Hochwasser sank der Pegelstand eines Flusses vom Höchststand 9,98 m auf 7,32 m.

    c) Hakan hat von seinen 18 € Taschengeld 4,99 € für den Kauf einer Musik-CD ausgegeben.

    d) Vor einem halben Jahr wog Caroline 45 kg und Dennis 50 kg. Beide haben inzwischen 2 kg abgenommen.

10. *[Illustriert: Die Mutter sagt: „Ich bin jetzt 32.“; die Tochter antwortet: „Dann bin ich genau 20 Jahre jünger.“]*

Um wie viel Prozent ist Alexandra jünger als ihre Mutter, und zwar

    a) heute,   b) in 10 Jahren,

    c) in 20 Jahren,   d) in 30 Jahren.

    e) Vergleiche die prozentualen Altersunterschiede. Was fällt dir auf?

3   Kombinierte prozentuale Zu- und Abnahmen

1. Wird ein Grundwert G um p_1% erhöht und dieser erhöhte Grundwert um p_2% erhöht, so beträgt der neue Grundwert

$$G \cdot \left(1 + \tfrac{p_1}{100}\right) \cdot \left(1 + \tfrac{p_2}{100}\right).$$

2. Wird ein Grundwert G um p_1% vermindert und dieser verminderte Grundwert um p_2% vermindert, so beträgt der neue Grundwert

$$G \cdot \left(1 - \tfrac{p_1}{100}\right) \cdot \left(1 - \tfrac{p_2}{100}\right).$$

3. Wird ein Grundwert G um p_1% erhöht und dieser erhöhte Grundwert um p_2% vermindert, so beträgt der neue Grundwert

$$G \cdot \left(1 + \tfrac{p_1}{100}\right) \cdot \left(1 - \tfrac{p_2}{100}\right).$$

4. Wird ein Grundwert G um p_1% vermindert und dieser verminderte Grundwert um p_2% erhöht, so beträgt der neue Grundwert

$$G \cdot \left(1 - \tfrac{p_1}{100}\right) \cdot \left(1 + \tfrac{p_2}{100}\right).$$

a) Ein 75 kg schwerer Mann nimmt erst 3% und dann nochmal 4% zu.
75 kg · 1,03 · 1,04 = 80,34 kg

b) Auf eine 800 € teure Ware wird nach 15% Rabatt 2% Skonto gewährt.
800 € · 0,85 · 1,02 = 693,60 €

c) Die Bevölkerung eines Landes mit 12000000 Einwohnern wächst innerhalb eines Jahrzehnts zunächst um 9%, nimmt im nächsten Jahrzehnt aber wieder um 9% ab.
12000000 · 1,09 · 0,91 = 11902800

d) Auf 200 € wird nach Gewährung von 20% Rabatt 19% Mehrwertsteuer erhoben.
200 € · 0,8 · 1,19 = 190,40 €

11.
   a)   Erhöhe 43,2 m³ zuerst um 11% und dann um 8%.

   b)   Vermindere 2,64 € zunächst um 25% und danach um 50%.

   c)   Erhöhe erst 7,6 hl um 4,8% und vermindere dann um 3,9%.

   d)   Vermindere 345,6 km um 16,2% und erhöhe danach um 67,1%.

12. Berechne den neuen Grundwert, wenn ein Betrag von 760 € zweimal (viermal) hintereinander um jeweils 12%

   a)   erhöht,   b)   gesenkt

                                                 wird.

13. Auf den Grundwert wird zuerst Rabatt gewährt, dann Mehrwertsteuer erhoben und schließlich Skonto abgezogen. Fülle die leeren Ergebnisfelder aus und runde auf zwei Dezimalen.

Grundwert (€)	121,50	284	359,42	4989	87,65	57000
Rabatt	10%	15%	20%	25%	30%	35%
Mehrwertsteuer	19%	19%	19%	19%	19%	19%
Skonto	2%	2,5%	3%	2,5%	2%	1,5%
Neuer Grundwert						

14. Ein Radfahrer startet sein persönliches Trainingsprogramm um 8.00 Uhr mit einer konstanten Geschwindigkeit von 18 km/h. Alle 10 Minuten fährt er mit einer anderen konstanten Geschwindigkeit weiter.

Hinweis: (A) steht für Abnahme, (Z) für Zunahme. Allmähliches Bremsen oder Beschleunigen bei Geschwindigkeitsänderungen sollen der Einfachheit halber unberücksichtigt bleiben.

8.10 Uhr	8.20 Uhr	8.30 Uhr	8.40 Uhr	8.50 Uhr	9.00 Uhr
10 % (Z)	15% (Z)	8% (A)	5% (A)	20% (Z)	15% (A)

Berechne seine Geschwindigkeit zwischen 9.00 Uhr und 9.10 Uhr, gerundet auf zwei Dezimalen.

4 Vermischte Übungen

15.
- a) Bestimme die prozentuale Abnahme von 1,20 € auf 96 c.
- b) Bestimme die prozentuale Zunahme von 1,80 kg auf 0,00244 t.
- c) Berechne den Endpreis einschließlich 19% Mehrwertsteuer für einen Warenwert von 60 €.
- d) Auf eine 800 € teure Ware wird 15% Rabatt gewährt. Berechne den Verkaufspreis.

16. Um wie viel Prozent sind
- a) 98 €, 271 €, 635 €, 3749 € mehr bzw. weniger als 522 €,
- b) 23 dm, 2,15 m, 12 cm, 34 mm kürzer bzw. länger als 0,00168 km,
- c) 0,005 t, 4,877 kg, 931 g, 654321 mg leichter bzw. schwerer als 2,4 kg,
- d) 490 s, 15 min, $\frac{3}{4}$ h, $\frac{1}{6}$ d kürzer bzw. länger als $\frac{1}{2}$ h?

17.
- a) Vor einem Jahr kostete ein Grundstück 12100 €. Inzwischen sind die Grundstückspreise um 10% gestiegen. Wie teuer ist das Grundstück heute?
- b) Wegen einer Geschäftsaufgabe setzt ein Teppichhändler alle Teppichpreise um 45% herab. Wie viel kostet ein Teppich, der vorher 2149 € (10999,90 €) kostete?
- c) Die Mitgliederzahl einer Partei schrumpfte innerhalb eines Jahres von 64300 auf 56800.
  Wie viel Prozent beträgt der Rückgang?

18. Formuliere selbst Fragestellungen, die zu der jeweiligen Aufgabe passen, und bestimme dann die gesuchten Größen.

- a) Eine Digitalkamera wird als Auslaufmodell angeboten und von 399 € auf 159 € reduziert.
- b) Wegen hoher Nachfrage wird der Kaufpreis für eine antike Münze von 735 € auf 855 € erhöht.

19. Zum 12. Geburtstag erhöhen Rebeccas Eltern das monatliche Taschengeld ihrer Tochter um 11,5 %, das sind 1,61 €. Bestimme die Höhe des früheren und jetzigen Taschengeldes.

20. Ein Pullover, der bisher 79 € kostete, wird zunächst um 8% teuer. Wegen deutlich zurückgehender Nachfrage soll der neue Preis jedoch in Kürze wieder um denselben Prozentsatz gesenkt werden.

a) Berechne den Preis nach der Erhöhung.
b) Berechne den Preis nach der neuerlichen Senkung.
c) Vergleiche die Ergebnisse von a) und b) miteinander. Was fällt auf?

21. Gemäß den Forderungen des Betriebsrates plant eine Firma in den neuen Bundesländern, die Löhne ihrer Mitarbeiter dem Lohnniveau ihrer Muttergesellschaft in den alten Bundesländern schrittweise anzupassen. Ein Arbeiter mit einem jetzigen Monatslohn (2011) von 2150 € soll im Jahr 2012 eine Erhöhung von 2% und dann nacheinander in den vier Folgejahren Erhöhungen von 3%, 4%, 5% und 6% erhalten.

a) Wie hoch wird der Monatslohn des Arbeiters im Jahr 2017 sein?
b) Um wie viel Prozent wird der Monatslohn in 2017 gegenüber dem jetzigen Monatslohn angestiegen sein?

22. Das Rennradmodell „Straßenblitz" wird in zwei verschiedenen Geschäften angeboten. Geschäft A verlangt 900 € zuzüglich 19% Mehrwertsteuer und gewährt danach 20% Rabatt. Geschäft B zeichnet das Rad mit 990 € aus, jedoch einschließlich 19% Mehrwertsteuer und mit anschließendem Rabatt von 15%. Bei Barzahlung wird hierauf noch 2% Skonto gewährt. Untersuche, welches Angebot bei Barzahlung günstiger ist.

23. Ein Kleid, das zunächst 9% teurer, schließlich aber wieder um 12% billiger wurde, kostet jetzt 142 €.

a) Wie viel kostete das Kleid vor der Preiserhöhung?
b) Um wie viel Prozent hat sich der jetzige Preis des Kleides gegenüber dem ursprünglichen Preis aus a) geändert?
c) Um wie viel Prozent unterscheidet sich der ursprüngliche Preis des Kleides aus a) gegenüber dem jetzigen Preis?

24. Ein Würfel A hat die Kantenlänge 8 cm und ein Würfel B eine um 15% längere Kante als Würfel A. Um wie viel Prozent ist

a) das Volumen von B größer als das Volumen von A,
b) das Volumen von A kleiner als das Volumen von B,
c) die Oberfläche von B größer als die Oberfläche von A,
d) die Oberfläche von A kleiner als die Oberfläche von B?

C Grundbegriffe der Zinsrechnung

1   Zinsrechnung als Anwendung der Prozentrechnung

Wendet man die Prozentrechnung auf die Geldwirtschaft an, so bezeichnet man sie als **Zinsrechnung**.

Prozentrechnung	Zinsrechnung	Bedeutung
Grundwert (G)	**Kapital (K)**	gesparter oder geliehener Geldbetrag
Prozentwert (P)	**Jahreszinsen (Z)**	Jährliche Vergütung für das gesparte Kapital (Guthaben), bzw. jährlicher Preis für das geliehene Kapital (Kredit oder Darlehen)
Prozentsatz (p%)	**Jahreszinssatz (p%)**	Prozentsatz des Kapitals, der den Jahreszinsen entspricht

Tipp: Statt Jahreszinssatz sagt man auch einfach Zinssatz.

Anne hat von ihrem Taschengeld am Jahresanfang 65 € gespart und bekommt hierfür am Jahresende 1,30 € Zinsen gutgeschrieben. Berechne den Zinssatz.

Kapital   K = 65 €   Jahreszinsen: Z = 1,30 €

Zinssatz: $p\% = \frac{1,3}{65} = \frac{13}{650} = \frac{1}{50} = 2\%$

1.   Verwandle in einen Zinssatz.

a)   15,25 € Zinsen von 610 €
b)   137 € Zinsen von 1712,50 €
c)   48 c Zinsen von 12 €
d)   0,47 c Zinsen von 9,40 €

2. Schreibe den Zinssatz als vollständig gekürzten Bruch.

a)   2,7%   b)   0,55%   c) $6\frac{3}{4}$ %

d)   0,023%   e)   5,85%   f)   1,45%

3. Für ein Darlehen von 36000 € sind von 6 Personen zu gleichen Teilen jährlich 2160 € Zinsen zu zahlen. Frau Schneider behauptet, 0,6% Zinsen zahlen zu müssen, Herr Baumann besteht auf der Zahlung von $\frac{1}{120}$ der Kreditsumme und Frau Hartwig meint, dass ihr Anteil an den Zinsen 0,01 beträgt.
Wer wer von den drei Personen hat richtig gerechnet?

4. Dogan kommt mit seinem Taschengeld nicht aus, möchte sich aber schon bald einen neuen Computer kaufen. Er hat viele Freunde, die ihm Geld für ein Jahr leihen können, jedoch Zinsen dafür nehmen. Den Eltern wäre es zwar lieber, wenn ihr Sohn etwas sparsamer wäre, jedoch würden sie ihm das Geld für einen Jahreszins von 2% in einem einzigen Betrag leihen.

a)   Fülle die Tabellenfelder aus..
b)   Vergleiche und prüfe das Angebot der Eltern.

Name des Freundes	Darlehen	Zinsen	Bruchanteil	Dezimaler Anteil	Zinssatz
Ahmed	80 €	2 €			
Bodo	60 €	1,45 €			
Christian	90 €	2,10 €			
David	30 €	0,90 €			
Edi	85 €	2,04 €			
Florian	65 €	1,82 c			
Gerrit	40 €	75 c			
Holger	50 €	85 c			

2   Berechnung der Jahreszinsen

Berechnet man den Zinssatz (p%) von einem bestimmten Kapital (K), so erhält man die **Jahreszinsen** (Z).

Tipp: Beachte den Bezug zur Prozentrechnung in Kapitel C 1.

Z = K · p%   **Jahreszinsen = Kapital · Zinssatz**

Wie viel sind 2,25% von 820 €?

Gegeben: Kapital K = 820 € ;   Zinssatz   p% = 2,25%

Gesucht: Jahreszinsen   Z

Lösung: $Z = 820\,€ \cdot 2,25\% = 820\,€ \cdot \frac{2,25}{100} = 820\,€ \cdot 0,0225 = 18,45\,€$

Tipp: Rechne mit dem Taschenrechner ganz einfach ohne Prozenttaste:
         8 2 0 x 0 . 0 2 2 5 =

5.   Berechne die Jahreszinsen.

    a)   8% von 940 €   b)   12,3% von 456 €
    c)   4% von 38,30 €   d)   5,5% von 2954,73 €
    e)   0,75% von 27,50 €   f)   0,9% von 44 €

6.   Berechne die zugehörigen Jahreszinsen und fülle die leeren Felder aus.

p% / K	84 €	8,65 €	54,09 €	0,73 €	1278 €	99 c
7,5%	6,30 €					
11,2%						
0,8%						
4,75%						
2,25%						
0,55%						

7. Auf die Kapitalbeträge in der Kopfzeile werden die darunter angegebenen Zinsen gezahlt. Der Zinssatz beträgt 3%. Überprüfe, ob der jeweilige Zinsbetrag stimmt.

Kapital	7500	225	0,90	0,105	37500	15,75
Zinsen	225	6,75	0,05	0,01	1125	0,50

8. Frau Wagner kauft Sparbriefe für 4500 €, die nach einem Jahr 4% Zinsen bringen, während ihr Mann 6000 € auf einem Sparkonto mit 3,75% Zinsen ebenfalls für ein Jahr anlegt. Über welchen Zinsbetrag kann Familie Wagner nach Ablauf eines Jahres verfügen?

9. Die Altdorfer Vereinsbank und die Neustädter Sparkasse werben mit Kreditangeboten über 15000 €, während die Schönfelder Kreditanstalt und die Reichenburger Volksbank ihren Kunden Darlehen über 20000 € anbieten, jeweils für ein Jahr.
Prüfe, welches Angebot günstiger ist.

a)

	Altdorfer Vereinsbank	Neustädter Sparkasse
Kreditbetrag	15000 €	15000 €
Zinssatz	7,5%	8%
Bearbeitungsgebühr	150 €	50 €

b)

	Schönfelder Kreditanstalt	Reichenburger Volksbank
Kreditbetrag	20000 €	20000 €
Zinssatz	8,5%	9%
Bearbeitungsgebühr	200 €	keine

10. Für den Bau eines Hauses möchte Familie Steinbach eine Hypothek (das ist ein Baudarlehen) in Höhe von 90000 € aufnehmen, die sie nach einem Jahr zurückzahlen will. Ihre Hausbank berechnet hierfür 6% Zinsen. Die örtliche Sparkasse bietet der Familie zwei Kredite an, einen ersten über 60000 € zu 5% und anderen über die restlichen 30000 € zu 7,75%.
Rechne aus, welche der beiden Institute das günstigere Angebot macht.

3   Berechnung des Jahreszinssatzes

Der Jahreszinssatz (p%) ist der Anteil der Jahreszinsen (Z) am Kapital (K).

Tipp: Beachte den Bezug zur Prozentrechnung in Kapitel C 1.

p% = Z : K   **Jahreszinssatz = Jahreszinsen : Kapital**

Ein Anleger bekommt für ein Kapital von 65000 € nach einem Jahr 2437,50 € Zinsen. Wie hoch ist der Jahreszinssatz?

Gegeben: Jahreszinsen   Z = 2437,50 € ; Kapital G = 65000 €

Gesucht: Jahreszinssatz p%

Lösung: p% = 2437,50 € : 65000 € = 0,0375 = 3,75%

11.   Berechne den Zinssatz.

    a)   2640 € von 96000 €   b)   208,95 € von 5970 €
    c)   1,98 € von 49,50 €   d)   374,45 € von 7489 €
    e)   5,19 € von 86,50 €   f)   4 c von 0,80 €

12.   Berechne die Zinssätze. Wie viel Prozent Zinsen entfallen auf den Gesamtbetrag aller Kredite? Runde gegebenenfalls auf zwei Dezimalen.

Bank	Jahreszinsen	Kreditbetrag	Zinssatz
A	36 €	1800 €	
B	420 €	12000 €	
C	7350 €	147000 €	
D	195,50 €	3400 €	
E	46,75 €	1100 €	
F	2708,75 €	98500 €	

13. Herr Pfiffig hat 35000 € geerbt und möchte das Geld für ein Jahr möglichst gut anlegen, um später damit sein Haus zu renovieren. Deshalb lässt er sich bei mehreren Banken beraten und erhält von den Bankberatern folgende Auskünfte.

Anderlandbank: Sie erhalten nach einem Jahr 1487,50 € Zinsen.

Bonus-Volksbank: Nach einem Jahr zahlen wir Ihnen 36750 € zurück.

Conto-Institut: Jeden Monat werden Sie um 131,25 € reicher.

Darlehenskasse: An Depotgebühren belasten wir Ihnen täglich nur 1 €. Dafür zahlen wir Ihnen nach einem Jahr $\frac{2}{35}$ Ihres Anlagebetrags an Zinsen.

Ehrlicher Vereinsbank: Jeden Tag wächst Ihr Kapital um 4 €.

Welche Bank bietet Herrn Pfiffig die besten Konditionen?

Hinweis: Ein Bankenjahr hat 360 Tage.

14. Ein Kreditinstitut bietet ein Baudarlehen über 150000 € mit 1% Gebühr an, für das nach einem Jahr 6000 € Zinsen zu zahlen sind. Pro Erhöhung der Darlehenssumme um 10000 € steigt die Gebühr um weitere 0,2% der Darlehenssumme und die fälligen Zinsen um weitere 1000 €. Berechne gemäß der nachfolgenden Tabelle jeweils den Zinssatz ohne und mit Einschluss der Gebühr (Zinssätze gerundet auf zwei Dezimalen).

Darlehen	Gebühr	Zinsen	Gebühr plus Zinsen	Zinssatz ohne Gebühr	Zinssatz mit Gebühr
150000					
160000					
170000					
180000					
190000					
200000					

4 Berechnung des Kapitals

Das Kapital (K) ist der Quotient aus Jahreszinsen (Z) und Zinssatz (p%).

Tipp: Beachte den Bezug zur Prozentrechnung in Kapitel C 1.

K = Z : p%   **Kapital = Jahreszinsen : Zinssatz**

Wie hoch ist das Kapital, wenn 6,5% Zinsen 130 € entsprechen?

Gegeben: Jahreszinsen   Z = 130 € ;   Zinssatz   p% = 6,5%

Gesucht: Kapital K

Lösung: K = 130 € : 6,5% = 130 € : 0,065 = 2000 €

15. Berechne das Kapital.

a) 7% entspricht 16,38 €   b) 9,8% entspricht 333,20 €

c) 0,015% entspricht 4515 €   d) $2\frac{3}{4}$ % entspricht 22275 €

e) $0,\overline{2}$ % entspricht 2468 €   f) $6\frac{1}{5}$ % entspricht 43,40 €

16. Berechne die zugehörigen Kapitalbeträge und fülle die leeren Felder aus.

p% / Z	0,72 €	93,6 €	1488 €	63,85 €	8 €	228 €
1,5%	48 €					
2,35%						
0,55%						
5,2%						
$4\frac{1}{4}$ %						
$3,\overline{3}$ %						

17. Die Zinsbeträge in der Kopfzeile entsprechen den darunter angegebenen Zinssätzen. Das Kapital beträgt 25500 €. Überprüfe, ob der jeweilige Zinssatz stimmt.

Zinsen	318,75 €	2091 €	446,25 €	63,75 €	1020 €	255 €
Zinssatz	12,5%	8,2%	1,75%	0,25%	4%	1%

18. Angegeben ist das Kapital einschließlich 3,5% Zinsen. Berechne das Kapital.

a)   382,95 €   b)   62,10 €   c)   2,07 €

19. Monas Eltern haben vor einem Jahr Geldbeträge in drei verschiedenen Wertpapieren A, B und C investiert. Für das Wertpapier A erhalten sie 4,15% Zinsen, das sind 394,25 €, für das Wertpapier B 3,95% Zinsen, nämlich 347,60 € und für das Wertpapier C 4,85% Zinsen, das sind 324,95 €.
    a)   Wie viel Geld haben Monas Eltern vor einem Jahr angelegt?
    b)   Auf welche Summe ist ihr Geld angewachsen?

20. Vier Freunde unterhalten sich über ihre Kapitalanlagen. Alex sagt stolz: „Heute habe ich 200 € Zinsen für das Geld bekommen, das ich vor einem Jahr mit 4% angelegt habe". Benno entgegnet: „Auch ich habe vor einem Jahr Geld angelegt. Im Vergleich zu dir habe ich aber doppelt so viel Zinsen zum halben Zinssatz bekommen." Conrad meint zu Benno: „Du hast ja auch doppelt so viel Geld angelegt wie Alex." Darauf antwortet Darek: „Nein, Benno hat nur halb soviel Geld angelegt wie Alex."
    a)   Fülle die leeren Felder der folgenden Tabelle aus und überprüfe somit die Behauptungen von Conrad und Darek auf Richtigkeit.

Name	Zinsen	Zinssatz	Kapital
Alex	200 €	4%	
Benno			

    b)   Wie verändert sich ein Kapital, wenn sich die Zinssätze halbieren, (dritteln, vierteln, usw.) und sich die Zinsen gleichzeitig entsprechend verdoppeln, (verdreifachen, vervierfachen, usw.)? Formuliere eine Regel.

5   Vermischte Übungen

21.   Fülle die leeren Felder aus.

	a)	b)	c)	d)	e)	f)
Jahreszinsen	303,75 €		21 €	21,45 €		4248,75 €
Zinssatz		4,5%	3,75%		6,2 %	8,25%
Kapital	13500 €	2450 €		390 €	45 €	

22.   Berechne die gesuchte Größe (Jahreszinsen, Zinssatz oder Kapital).

   a)   Ein Kapital von 7525 € bringt jährlich 270,90 € Zinsen.
   b)   Für ihren Sparbrief über 62500 € erhält Frau Fröhlich jährlich 4,8% Zinsen.
   c)   Herr Franzen zahlt für seine Hypothek 3307,50 € Zinsen pro Jahr, das sind 5,25%.
   d)   Von ihrem Sparbuchguthaben in Höhe von 124 € hebt Trixi ihre gesamten Jahreszinsen ab, nämlich 1,86 €.

23.   Berechne die Kosten (Jahreszinsen zuzüglich Bearbeitungsgebühr) für folgende einjährige Darlehen.

Darlehen	Zinssatz	Bearbeitungsgebühr	Kosten
110500 €	4,25%	350 €	
85000 €	4,75%	6% der Jahreszinsen	
34500 €	$5\frac{1}{4}$ %	Keine	

24.   Eine Privatkundenbank bietet einen Verbraucherkredit von 9500 € für ein Jahr zu 7,6% an. Auf die anfallenden Jahreszinsen erhebt sie 1,5% Bearbeitungsgebühr. Wie viel kostet der Kredit

   a)   ohne,   b)   mit   Bearbeitungsgebühr?

25.   Für langjährige Kunden bietet die Netteburger Volksbank ein Wertpapier von 15500 € zu folgenden Konditionen an: Laufzeit 1 Jahr,

Zinssatz 4,4%, Treuebonus von 2,5% der Jahreszinsen,
Verwaltungskosten monatlich 2 €. Berechne

a) die Jahreszinsen,
b) den Treuebonus,
c) die Verwaltungskosten in Prozent des Wertpapierkapitals,
d) die Verwaltungskosten in Prozent der Jahreszinsen,
e) die effektiven Jahreszinsen nach Verrechnung aller Einnahmen mit
   den zu zahlenden Verwaltungskosten,
f) den effektiven Zinssatz, der sich aus e) ergibt.

Runde gegebenenfalls stets auf zwei Dezimalen.

26. Ein Darlehen von 25000 € hat eine einjährige Laufzeit. Berechne die
effektiven Zinssätze und fülle die leeren Felder in der rechten Spalte
aus. Runde gegebenenfalls auf zwei Dezimalen.

	Zinssatz	Bearbei-tungsge-bühr in % des Darlehens	Bearbei-tungsge-bühr in % der Jahreszin-sen	Bearbei-tungsge-bühr in €	Effektiver Zinssatz
a)	5%	1%	–	–	
b)	5,5%	–	10%	–	
c)	6%	–	–	200 €	
d)	6,5%	0,5%	5%	–	
e)	7%	0,25%	–	150 €	
f)	7,5%	–	2%	100 €	
g)	8%	0,1%	1%	50 €	

D Unterjährige Verzinsung

1 Berechnung der Monatszinsen

Berechnet man den Zinssatz (p%) von einem bestimmten Kapital (K) und dividiert diesen Betrag durch 12, so erhält man die **Zinsen für einen Monat**.

Multipliziert man die Zinsen für einen Monat mit der Anzahl k der Monate innerhalb eines Jahres, so erhält man die **Zinsen für mehrere Monate**.

$$Z = K \cdot p\% \cdot \tfrac{k}{12}$$ 　**Monatszinsen = Kapital · Zinssatz · Monatsanteil**

Wie viel sind 3,75% von 1400 € für 10 Monate?

Gegeben: 　　Kapital K = 1400 € ; 　　Zinssatz 　　p% = 3,75%

Gesucht: 　　Zinsen Z für 10 Monate

Lösung: 　　$Z = 1400\,€ \cdot 3{,}75\% \cdot \tfrac{10}{12} = 52{,}5\,€ \cdot \tfrac{10}{12} = 43{,}75\,€$

Hinweis: 　　*Ein Bankenmonat hat immer 30 Tage, ein Bankenjahr immer 360 Tage.*

Tipp: 　Rechne mit dem Taschenrechner ganz einfach ohne Prozenttaste:
1 4 0 0 x 0 . 0 3 7 5 x 1 0 / 1 2 =

1. 　Berechne die Monatszinsen.

　　a) 　　6% von 820 € für 1 Monat
　　b) 　　8,4% von 345 € für 4 Monate
　　c) 　　2% von 49,55 € für 7 Monate
　　d) 　　6,6% von 1843,62 € für 11 Monate

2. 　Berechne für ein Kapital von 7260 € die zugehörigen Zinsen für k Monate. Runde gegebenenfalls auf zwei Dezimalen.

p% / k	1	3	5	6	8	9
7,2%	43,56 €					
12,6%						
9%						
0,9%						
0,09%						
6,48%						
1,75%						
0,84%						

3. Auf die Kapitalbeträge in der Kopfzeile werden die darunter angegebenen Zinsen gezahlt. Der Zinssatz beträgt 4%. Überprüfe, ob der jeweilige Zinsbetrag stimmt.

Kapital	9000	270	0,72	0,13	45000	18,90
Zinsen	60	2,70	0,02	0,03	1500	0,77
Monatsanzahl	2	3	4	7	10	11

4. Herr Wesseling erwirbt für 5400 € ein Wertpapier, für das nach einem Jahr 6,4% Zinsen ausgeschüttet werden. Seine Frau kauft gleichzeitig einen Sparbrief für 7200 €, der nach einem Jahr 5,8% Zinsen bringt. Beide Ehepartner haben mit der Bank vereinbart, auch schon früher über das Geld einschließlich Monatszinsen verfügen zu können, und zwar nach jedem beliebigen Monat innerhalb des Anlagejahres. Dann jedoch wird von der Bank für jeden vollen Monat, der noch bis zum Zinsauszahlungstermin fehlt, eine sog. „Vorfälligkeitsentschädigung" von 1,20 € erhoben und mit den Zinseinnahmen verrechnet. Die Eheleute nehmen dieses Angebot wahr. Herr Wesseling lässt sich alles schon nach 7 Monaten auszahlen, während seine Frau noch weitere vier Monate wartet. Über welchen Gesamtbetrag kann Familie Wesseling nach der letzten Auszahlung verfügen?

2   Berechnung der Tageszinsen

Berechnet man den Zinssatz (p%) von einem bestimmten Kapital (K) und dividiert diesen Betrag durch 360 (Anzahl der Tage eines Bankenjahres), so erhält man die **Zinsen für einen Tag**.

Multipliziert man die Zinsen für einen Tag mit der Anzahl t der Tage innerhalb eines Bankenjahres, so erhält man die **Zinsen für mehrere Tage**.

$Z = K \cdot p\% \cdot \frac{t}{360}$ **Tageszinsen = Kapital · Zinssatz · Tagesanteil**

Wie viel sind 1,5% von 1680 € für 218 Tage?

Gegeben: Kapital K = 1680 € ;   Zinssatz   p% = 1,5%

Gesucht: Zinsen Z für 218 Tage

Lösung: $Z = 1680\ € \cdot 1,5\% \cdot \frac{218}{360} = 25,2\ € \cdot \frac{218}{360} = 15,26\ €$

Tipp: Rechne mit dem Taschenrechner ganz einfach ohne Prozenttaste: 1 6 8 0 x 0 . 0 1 5 x 2 1 8 / 3 6 0 =

5.   Berechne die Tageszinsen. Runde gegebenenfalls auf zwei Dezimalen.

     a)   7% von 984 € für 72 Tage
     b)   12,6% von 414 € für 343 Tage
     c)   3% von 59,46 € für 2 Monate 23 Tage
     d)   5,9% von 2954,77 € für 11 Monate 11 Tage

6.   Berechne für ein Kapital von 6150 € die zugehörigen Zinsen für den angegebenen Zeitraum. Runde gegebenenfalls auf zwei Dezimalen.

p% / t	11 Tage	4 Monate 3 Tage	265 Tage	9 Monate 26 Tage	333 Tage	3 Monate 3 Tage
6,3%	11,84 €					
11,7%						
8%						
0,6%						
0,06%						
9,54%						
2,25%						
0,93%						

7. Auf die Kapitalbeträge in der Kopfzeile werden die darunter angegebenen Zinsen für den angegebenen Zeitraum gezahlt. Der Zinssatz beträgt 3%. Überprüfe, ob der jeweilige Zinsbetrag stimmt.

Kapital	8000	360	0,63	0,24	54000	27,60
Zinsen	0,60	2,10	0,05	0,12	499,50	0,55
Zeitraum	1 Tag	2 Mon. 10 Tage	199 Tage	8 Mon. 18 Tage	111 Tage	11 Mon. 11 Tage

8. Für die Überziehung eines Girokontos berechnet eine Bank 10,5% Zinsen. Im Abrechnungszeitraum hat Herr Lehmann sein Gehaltskonto dreimal überzogen, und zwar 8 Tage mit 120 €, 22 Tage mit 235 € und 17 Tage mit 444 €.

9. Eine Handwerkerrechnung beträgt 780 €. Sie kann sofort nach Abzug von 1,2 % Skonto oder in 28 Tagen ohne Abzug bezahlt werden. Welche Zahlungsweise ist günstiger, wenn man bei einer Sparkasse für kurzfristige Tagesgelder bis zu einem Monat 3% Zinsen bekäme?

3 Berechnung des Jahreszinssatzes

Löst man die Formel zur Berechnung der Tageszinsen $Z = K \cdot p\% \cdot \frac{t}{360}$ nach p% auf, so erhält man den **Jahreszinssatz**.

$$p\% = \frac{Z}{K} \cdot \frac{360}{t}$$

Jahreszinssatz = (Tageszinsen : Kapital) · (360 : Anzahl der Tage)

Tipp: Bei gegebenen Monatszinsen kann auch folgende Formel verwendet werden: $\qquad p\% = \frac{Z}{K} \cdot \frac{30}{k}$

Jahreszinssatz = (Monatszinsen : Kapital) · (30 : Anzahl der Monate)

Wie hoch ist der Jahreszinssatz, wenn man für ein Kapital von 37500 € nach 20 Tagen 75 € Zinsen erhält?

Gegeben: Kapital $\qquad K = 37500 \,€$;
Tageszinsen $\qquad Z = 75 \,€$;
Anzahl der Tage $\qquad t = 20$.

Gesucht: Jahreszinssatz

Lösung: $Z = (75 € : 37500 €) \cdot (360 : 20) = 0{,}002 \cdot 18 = 0{,}036 = 3{,}6\%$

10. Berechne den Jahreszinssatz. Runde gegebenenfalls auf zwei Dezimalen.
a) 8 € Tageszinsen in 9 Tagen für 16000 €
b) 15,50 € von 6200 € für 24 Tage
c) 42,60 € von 3408 € für 3 Monate 10 Tage
d) 6,60 € von 3960 € für 1 Monat 6 Tage

11. Berechne jeweils den Jahreszinssatz.

Zinsen	23,75 €	33,60 €	7,50 €	18 €	29,75 €	4,40 €
Laufzeit	1 Monat 15 Tage	2 Monate 21 Tage	20 Tage	200 Tage	11 Monate 27 Tage	160 Tage
Kapital	9500 €	3600 €	4500 €	720 €	600 €	99 €
Jahreszinssatz						

12. Frau Greif hat ihr Girokonto dreimal überzogen, und zwar 18 Tage mit 400 €, 12 Tage mit 600 € und 1 Monat 6 Tage mit 200 €. Für jede Überziehung muss sie 2,35 € Zinsen zahlen.
- a) Berechne den Jahreszinssatz.
- b) Frau Greif wundert sich, dass ihr für jede Überziehung derselbe Zinsbetrag berechnet wird. Überprüfe die Berechnungen des Geldinstituts.

13. Ein Versandhaus bietet seiner Kundschaft an, die Rechnung für die Bestellung einer 2250 € teuren Ware entweder sofort am nächsten Tag oder erst nach $2\frac{1}{2}$ Monaten zu bezahlen. Bei sofortiger Zahlung dürfen 2% Skonto vom Rechnungsbetrag abgezogen werden; dagegen wird nach $2\frac{1}{2}$ Monaten der volle Betrag fällig. Eine Bank würde für die $2\frac{1}{2}$ Monate 20 € Zinsen zahlen.
- a) Welche Zahlungsweise ist günstiger?
- b) Wie hoch ist der Zinssatz der Bank?

14. Drei Geldinstitute locken ihre Kunden mit Sparanlagen für ein Jahr. Die Bank zahlt für eine Schuldverschreibung von 3000 € alle zwei Tage 50 c. Die Sparkasse bietet einen Sparbrief von 4000 € mit 40 € Zinsen für jedes Quartal. Die Kreditanstalt wirbt mit einem Pfandbrief von 6000 €, der täglich 0,25 € Zinsen zuzüglich einer einmaligen Auszahlung von 120 € einbringt. Welches Geldinstitut bietet den höchsten Zinssatz?

15. Ein Guthaben von 3200 € wächst an auf 3225 €. Berechne den Jahreszinssatz, wenn sich der Zuwachs auf folgende Zeiträume bezieht:
- a) 25 Tage
- b) 1 Monat 15 Tage
- c) 2 Monate 6 Tage
- d) 95 Tage

Runde jeden Zinssatz auf zwei Dezimalen (z.B. 1,23%).

16. Ein Kapital von 120000 € bringt in 48 Tagen 800 € Zinsen.
- a) Berechne den Jahreszinssatz.
- b) Ändere die Zinsen Z und die Laufzeit t so, dass der Jahreszinssatz unverändert bleibt.
- c) Ändere die Zinsen Z und das Kapital K so, dass der Jahreszinssatz unverändert bleibt.
- d) Ändere das Kapital K und die Laufzeit t so, dass der Jahreszinssatz unverändert bleibt.
- e) Formuliere Regeln, nach denen du diese Änderungen vorgenommen hast.

4 Berechnung des Kapitals

Löst man die Formel zur Berechnung der Tageszinsen $Z = K \cdot p\% \cdot \frac{t}{360}$ nach K auf, so erhält man das **Kapital**.

$$K = \frac{Z}{p\%} \cdot \frac{360}{t} = \frac{Z \cdot 36000}{p \cdot t}$$

Kapital = (Tageszinsen : Jahreszinssatz) · (360 : Anzahl der Tage)

Wie hoch ist das Kapital, wenn man bei einem Jahreszinssatz von 2,4% nach 12 Tagen 36 € Zinsen erhält?

Gegeben:	Jahreszinssatz	$p\% = 2,4\%$;
	Tageszinsen	$Z = 36$ € ;
	Anzahl der Tage	$t = 12$.

Gesucht: Kapital

Lösung: K = (36 € : 2,4%) · (360 : 12) = 1500 € · 30 = 45000 €

17. Berechne das Kapital. Runde gegebenenfalls auf zwei Dezimalen.

a) 12 € Tageszinsen in 16 Tagen zu 4%
b) 23,25 € Tageszinsen in 36 Tagen zu 1,5%
c) 0,63 € Tageszinsen in 2 Monaten 18 Tagen zu 0,75%
d) 9,90 € Tageszinsen in einem Monat und 24 Tagen zu 5,5%

18. Berechne das Kapital. Runde gegebenenfalls auf zwei Dezimalen.

Zinsen	35,55 €	50,40 €	11,25 €	27 €	43,75 €	6,60 €
Laufzeit	2 Monate 21 Tage	3 Monate 19 Tage	5 Tage	300 Tage	10 Monate 20 Tage	220 Tage
Jahreszinssatz	1,5%	2%	2,5%	3%	3,5%	4%
Kapital						

19. Herr Lang hat sein Girokonto dreimal um insgesamt 3325,77 € überzogen. Für 10 Tage muss er 4 €, für 18 Tage 6 € und für weitere 2 Monate 16 Tage schließlich noch einmal 20 € bezahlen. Damit nimmt er einen Überziehungskredit in Anspruch, der mit 10,75% berechnet wird. Nachdem Herr Lang den Kontoauszug überprüft hat, reklamiert er diesen bei seiner Bank.
Rechne nach und nimm Stellung zur Reklamation von Herrn Lang.

20. Eine aus sechs Personen bestehende Tippgemeinschaft hat im Lotto gewonnen. Herr Groß ist zu 40% beteiligt, der Rest des Gewinns wird gleichmäßig auf die übrigen fünf Personen aufgeteilt. Den Lottogewinn legt die Tippgemeinschaft zunächst auf einem Sparbuch mit 4,75% Zinsen an. Einer der fünf übrigen Gewinner hebt nach 3 Monaten und 10 Tagen die ihm für diese Zeit zustehenden Zinsen in Höhe von 950 € ab.
Wie hoch ist der gesamte Lottogewinn der Tippgemeinschaft auf volle Euro gerundet?

21. In einer Reihenhaussiedlung müssen drei Nachbarfamilien Zinsen für ihre einjährigen Baudarlehen zahlen. Familie Klein zahlt nach jedem Monat 200 € bei 5% Zinsen, Familie Hoch nach jedem Quartal 550 € bei 5,5% Zinsen und Familie Winzig hat halbjährlich bei 6% Zinsen eine Zinsbelastung von 900 €.
Berechne die Darlehenssummen der drei Familien.

22. Ein mit 3,25% verzinstes Guthaben wächst um 130 €. Wie hoch ist das Guthaben, wenn sich der Zuwachs auf folgende Zeiträume bezieht?

a)	15 Tage	b)	2 Monate 15 Tage
c)	3 Monate 6 Tage	d)	72 Tage

23. Bei 6,25% Zinsen bringt ein Kapital in 54 Tagen 750 € Zinsen.

a) Berechne das Kapital.
b) Ändere die Zinsen Z und die Laufzeit t so, dass das Kapital unverändert bleibt.
c) Ändere die Zinsen Z und den Jahreszinssatz so, dass das Kapital unverändert bleibt.
d) Ändere den Jahreszinssatz und die Laufzeit t so, dass das Kapital unverändert bleibt.
e) Formuliere Regeln, nach denen du diese Änderungen vorgenommen hast.

5 Vermischte Übungen

24. Frau Goldstein zahlte am 14. März 2005 einen Lotteriegewinn in Höhe von 3500 € auf ihr Sparbuch ein. Die Sparkasse vergütet 1,75% Zinsen. Auf welchen Geldbetrag ist ihre Einzahlung am 3. November 2005 angewachsen?

25. Für einen mehrtägigen Ausflug hebt der Kegelverein „Alle Neune" bei der Volksbank einen Betrag von 2600 € ab. Welchen Betrag hatte er vor einem Jahr zu einem festen Zinssatz von 3,2% angelegt?

26. Für eine Weltreise fehlen Herrn Wunsch noch 1800 €, für die er ein Darlehen aufnehmen möchte. Auf der Suche nach einem günstigen Kredit findet er eine Sparkasse, die ihm bei einer Laufzeit von 8 Monaten 11,5% Zins pro Jahr berechnet. Bei einer Vereinsbank könnte er den Kredit nach 11 Monaten mit 1998 € vollständig tilgen.
   a) Wie viel Zinsen müsste Herr Wunsch an die Sparkasse zahlen?
   b) Welchen Jahreszinssatz erhebt die Vereinsbank?

27. Wegen einer Renovierung ihres Einfamilienhauses nahm Familie Baumann am 4. April 2005 ein Darlehen zu 8,5% auf. Am 12. September 2005 werden einschließlich Zinsen 32456 € fällig. Welches Darlehen hat Familie Baumann aufgenommen?

28. Das Bankhaus Invest & Co bietet seiner Kundschaft einen Sparbrief mit einjähriger Laufzeit und einer monatlichen Verzinsung von 0,5% an. Die Zinsen werden nach jedem Monat mitverzinst. Familie Neumann legt 12000 € in solchen Sparbriefen an.

   a) Wie hoch ist der Rückzahlungsbetrag nach einem Jahr?
   b) Welchem Jahreszinssatz entspricht die monatliche Verzinsung der Bank?
   c) Lege selbst einen neuen Anlagebetrag und einen neuen Monatszinssatz fest, der den momentan gültigen Zinssätzen in etwa entspricht, und rechne wie in den Teilen a) und b).

E Mehrjährige Verzinsung

1 Berechnung der Zinsen

Berechnet man den Zinssatz (p%) von einem bestimmten Kapital (K) und multipliziert diesen Betrag mit einem Faktor k, so erhält man die **Zinsen für k Jahre**.

Z = K · p% · k **Zinsen für k Jahre = Kapital · Zinssatz · k**

Hinweis: Die obige Formel und die weiteren Formeln, Beispiele und Aufgaben in diesem Kapitel gelten nur für den Fall, dass die Zinsen nach jedem Jahr entnommen werden. Werden die Jahreszinsen erst am Ende einer mehrjährigen Laufzeit zusammen mit dem eingezahlten Kapital abgehoben, so verzinsen sie sich stets mit. In solchen Fällen spricht man von *Zinseszinsen* (siehe Kapitel F, Seite ...).

Wie viel sind 5,25% von 28000 € für 6 Jahre?

Gegeben: Kapital K = 28000 € ; Zinssatz p% = 5,25%

Gesucht: Zinsen Z für 6 Jahre

Lösung: Z = 28000 € · 5,25% · 6 = 88,20 €

Tipp: Rechne mit dem Taschenrechner ganz einfach ohne Prozenttaste:
2 8 0 0 0 x 0 . 0 5 2 5 x 6 =

1. Berechne die Zinsen für mehrere Jahre.

a) 4,8% von 9400 € für 2 Jahre
b) 9,5% von 456000 € für 5 Jahre
c) 5% von 51,67 € für 8 Jahre
d) 7,7% von 2954,73 € für 12 Jahre

2. Berechne für ein Kapital von 8370 € die zugehörigen Zinsen für k Jahre. Runde gegebenenfalls auf zwei Dezimalen.

p% / k	2	4	6	8	9	12
6,1%	1021,14 €					
11,7%						
8%						
0,8%						
0,08%						
7,59%						
2,25%						
0,95%						

3. Auf die Kapitalbeträge in der Kopfzeile werden die darunter angegebenen Zinsen gezahlt. Der Zinssatz beträgt 5%. Überprüfe, ob der jeweilige Zinsbetrag stimmt.

Kapital	12600	378	0,64	0,17	56000	26,40
Zinsen	1890	75,60	0,16	0,12	30800	15,84
Jahresanzahl	3	4	5	8	11	12

4. Berechne die insgesamt aufgelaufenen Zinsen.

   a) Karla legt 350 €, die sie zu ihrem Geburtstag geschenkt bekam, 5 Jahre lang zu 4,25% auf einem Sparbuch an.

   b) Ein mittelständisches Unternehmen nimmt für 12 Jahre einen Kredit in Höhe von 145000 € auf, für den jährlich 9,8% Zinsen anfallen.

5. Ein Darlehen in Höhe von 85000 € mit einer Laufzeit von vier Jahren wird wahlweise zu zwei unterschiedlichen Konditionen angeboten. Vergleiche.

   Variante 1: 10,5% Zinsen pro Jahr zuzüglich einer einmaligen Bearbeitungsgebühr von 625 €.

   Variante 2: 11% Zinsen pro Jahr ohne Bearbeitungsgebühr.

2   Berechnung des Kapitals

Löst man die Formel zur Berechnung der Zinsen für k Jahre Z = K · p% · k
nach Z auf, so erhält man das **Kapital**.

K = Z : (p% · k)   **Kapital = Zinsen für k Jahre : (Zinssatz · k)**

Wie hoch ist das Kapital, wenn man bei einem Jahreszinssatz von 3,6% nach 9
Jahren 486 € Zinsen erhält?

Gegeben:	Jahreszinssatz	p% = 3,6% ;
	Zinsen für 9 Jahre	Z = 486 € ;
	Anzahl der Jahre	k = 9

Gesucht: Kapital

Lösung: K = 486 € : (3,6% · 9) = 486 € : 0,324 = 1500 €

Tipp: Rechne mit dem Taschenrechner ganz einfach ohne Prozenttaste:
          4 8 6 : 0 . 0 3 6 : 9 =

6.   Berechne das Kapital. Runde gegebenenfalls auf zwei Dezimalen.

   a)   1800 € Zinsen in 11 Jahren bei 6,75%
   b)   3436,25 € Zinsen in 7 Jahren bei 5,95%
   c)   74,81 € Zinsen in 5 Jahren bei 4,72%
   d)   9,90 € Zinsen in 14 Jahren bei 7,05%

7.   Berechne das Kapital. Runde gegebenenfalls auf zwei Dezimalen.

Zinsen	106,65 €	201,60 €	56,25 €	162 €	311,85 €	52,80 €
Laufzeit	2	3	4	5	6	7
Jahreszinssatz	2,5%	3%	3,5%	4%	4,5%	5%
Kapital						

8.   Frau Konrad möchte einen Geldbetrag bei ihrer Hausbank so anlegen,
          dass sie die Zinserträge nach jedem Jahr abheben kann. Hierzu
          vergleicht sie drei verschiedene Sparangebote der Bank miteinander.

Angebot 1:   Nach 2 Jahren insgesamt 923 € Zinsen
Angebot 2:   Nach 3 Jahren insgesamt 1404 € Zinsen
Angebot 3:   Nach 5 Jahren insgesamt 2340 € Zinsen

Die Bank behauptet, dass allen drei Angeboten ein Jahreszinssatz von 3,25% zugrunde liegt. Frau Konrad entdeckt einen Fehler.

9. Eine sechsköpfige Familie erbt einen Geldbetrag. Jedes Elternteil bekommt 18%, der Rest des Geldes fließt zu gleichen Teilen den vier Kindern zu. Die Eltern zahlen den Gesamtbetrag auf ein Sparkonto mit 3,9% Zinsen ein. Der älteste Sohn darf die ihm aus seinem Anteil zustehenden Zinsen jährlich abheben, um einen Teil seines Studiums zu finanzieren. Nach sechs Jahren sind das insgesamt 4680 €.
Wie viel Geld hat die Familie insgesamt geerbt?

10. Drei Kleinbetriebe haben Gründungsdarlehen aufgenommen. Firma Holzmann zahlt jährlich 2400 € Kreditzinsen bei 6%, Firma Eisenhaupt alle 2 Jahre insgesamt 6500 € bei 6,25% und Firma Kleingut alle 3 Jahre 10500 € bei 7%.
Berechne die Gründungsdarlehen der drei Firmen.

11. Ein mit 8,75% verzinstes Guthaben wächst um 5250 €. Wie hoch ist das Guthaben nach

a)   2 Jahren,   b)   3 Jahren,
c)   4 Jahren,   d)   5 Jahren?

12. Bei 4,95% Zinsen bringt ein Kapital in 12 Jahren 3564 € Zinsen.

a)   Berechne das Kapital.
b)   Ändere die Zinsen Z und die Laufzeit k so, dass das Kapital unverändert bleibt.
c)   Ändere die Zinsen Z und den Jahreszinssatz so, dass das Kapital unverändert bleibt.
d)   Ändere den Jahreszinssatz und die Laufzeit k so, dass das Kapital unverändert bleibt.
e)   Formuliere Regeln, nach denen du diese Änderungen vorgenommen hast.

3 Berechnung der Laufzeit

Löst man die Formel zur Berechnung der Zinsen für k Jahre $Z = K \cdot p\% \cdot k$ nach k auf, so erhält man die **Laufzeit in Jahren**.

$$k = Z : (p\% \cdot K)$$

Laufzeit in Jahren = Zinsen für k Jahre : (Zinssatz · Kapital)

Wie lange muss ein Kapital von 2500 € angelegt werden, damit es bei einem Jahreszinssatz von 5,8% insgesamt 870 € Zinsen bringt?

Gegeben:	Kapital	$K = 2500$ €
	Jahreszinssatz	$p\% = 5,8\%$;
	Zinsen für k Jahre	$Z = 870$ € ;

Gesucht: Laufzeit in Jahren

Lösung: $k = 870 \text{ €} : (5,8\% \cdot 2500 \text{ €}) = 870 \text{ €} : 145 \text{ €} = 6$

Tipp: Rechne mit dem Taschenrechner ganz einfach ohne Prozenttaste:
          8 7 0 : 0 . 0 5 8 : 2 5 0 0 =

13. Berechne die Laufzeit in Jahren.

   a)   638 € Zinsen für 2200 € bei 7,25%
   b)   2655,90 € Zinsen für 4540 € bei 6,5%
   c)   59,92 € Zinsen für 85,60 € bei 5%
   d)   15,40 € Zinsen in für 8,80 € bei 8,75%

14. Berechne die Laufzeit.

Zinsen für die gesamte Laufzeit	132,30 €	781,50 €	265,32 €	1145,55 €	233,20 €	139,05 €
Jahreszinssatz	3,5%	4%	4,5%	5%	5,5%	6%
Kapital	210 €	1302,50 €	268 €	3273 €	424 €	463,50 €
Laufzeit						

15. Eine Bank bietet ein mit jährlich 9,75% verzinstes Darlehen in Höhe von 55000 € an, für das nach jedem abgelaufenen Jahr Zinszahlungen fällig werden und das am Ende der Laufzeit vollständig zurückzuzahlen ist. Der Darlehensnehmer hat die Wahl zwischen drei Möglichkeiten mit verschiedenen Laufzeiten.

Möglichkeit 1:
Der Darlehensnehmer zahlt 27912,50 € für die gesamte Laufzeit. Dieser Gesamtbetrag enthält die Zinsen für die gesamte Laufzeit und eine einmalige Bearbeitungsgebühr von 2% der Darlehenssumme.

Möglichkeit 2:
Der Darlehensnehmer zahlt 32725 € für die gesamte Laufzeit. Dieser Gesamtbetrag enthält die Zinsen für die gesamte Laufzeit und eine einmalige Bearbeitungsgebühr von 1% der Darlehenssumme.

Möglichkeit 3:
Der Darlehensnehmer zahlt 42900 € für die gesamte Laufzeit. Dies sind die gesamten Zinsen; eine Bearbeitungsgebühr entfällt.

Berechne jeweils die Laufzeit.

16. Für den Verkauf einer seiner Firmen erzielte der ehemalige Unternehmer Schulze einen Erlös von 1275000 €, den er nun zu einem Festzinssatz von 7,25% anlegt. Mit den jährlich anfallenden Zinsen möchte er die Ausbildung seiner Enkelkinder finanzieren, wobei nach jedem Jahr einem Enkelkind die Jahreszinsen zufließen sollen. Er hat ausgerechnet, dass er genau 739500 € an Zinsauschüttungen benötigt, um jedes seiner Enkelkinder auf diese Weise beschenken zu können. Wie viele Enkelkinder hat Herr Schulze?

17. Über mehrere Jahre bringt das Kapital K = 2220 € bei einem Jahreszinssatz von 3,85% insgesamt 769,23 € Zinsen.

    a)   Berechne die Laufzeit.
    b)   Ändere die Zinsen Z und das Kapital K so, dass die Laufzeit unverändert bleibt.
    c)   Ändere die Zinsen Z und den Jahreszinssatz so, dass die Laufzeit unverändert bleibt.
    d)   Ändere den Jahreszinssatz und das Kapital K so, dass die Laufzeit unverändert bleibt.
    e)   Formuliere Regeln, nach denen du diese Änderungen vorgenommen hast.

4   Vermischte Übungen

18.   Fülle die leeren Felder aus.

	a)	b)	c)	d)	e)	f)
Kapital	1170 €		748 €		223,20 €	1970 €
Zinssatz		4,75%	6,75%	8%		1,8%
Jahreszinsen				921,60 €	5,58 €	
Laufzeit	3 Jahre	5 Jahre		2 Jahre	12 Jahre	7 Jahre
Zinsen	252,72 €	2327,50 €	504,90 €			

19.   Ein Darlehen von 375000 € hat eine sechsjährige Laufzeit. Berechne die effektiven Zinssätze und fülle die leeren Felder in der rechten Spalte aus. Runde gegebenenfalls auf zwei Dezimalen.

	Zinssatz	Bearbei-tungsge-bühr in % des Darlehens	Bearbei-tungsge-bühr in % der gesamten Zinsen	Einmalige Bearbei-tungsge-bühr in €	Gesamte Darlehens-kosten
a)	6%	1,75%	–	–	
b)	6,5%	–	9%	–	
c)	7%	–	–	1200 €	
d)	7,5%	1,25%	4%	–	
e)	8%	0,75%	–	900 €	
f)	8,5%	–	2,5%	600 €	
g)	9%	0,5%	1,5%	300 €	

F Zinseszinsen

1 Berechnung des Kapitals

Werden bei einer mehrjährigen Laufzeit die Jahreszinsen nicht nach jedem Jahr entnommen, sondern erst am Ende der **Laufzeit n** zusammen mit dem eingezahlten Kapital abgehoben, so verzinsen sie sich stets mit. In solchen Fällen spricht man von **Zinseszinsen**.

Das zu Beginn der Laufzeit eingezahlte Kapital heißt **Anfangskapital K_0**.

Das am Ende der n-jährigen Laufzeit zusammen mit den Zinseszinsen abgehobene Kapital heißt **Endkapital K_n**.

Multipliziert man das Anfangskapital K_0 n-mal mit dem **Zinsfaktor (1 + p%)**, so erhält man das Endkapital.

$$K_n = K_0 \cdot (1 + p\%)^n$$

Löst man die Formel zur Berechnung des Endkapitals nach K_0 auf, so erhält man das Anfangskapital.

$$K_0 = K_n : (1 + p\%)^n$$

1. Wie hoch ist das Endkapital mit Zinseszinsen, wenn das Anfangskapital 4285 €, der Jahreszinssatz 4,7% und die Laufzeit 8 Jahre betragen?

Gegeben:	Anfangskapital	$K_0 = 4285 €$;
	Jahreszinssatz	$p\% = 4,7\%$;
	Laufzeit	$n = 8$ Jahre.

    Gesucht: Endkapital

    Lösung: $K_8 = 4285\ € \cdot 1,047^8 \approx 6187,63\ €$

2. Wie hoch ist bei einer Geldanlage mit Zinseszinsen das Anfangskapital, wenn das Endkapital 9715 €, der Jahreszinssatz 5,75% und die Laufzeit 6 Jahre betragen?

    Gegeben: Endkapital $K_6 = 9715 €$;

	Jahreszinssatz	$p\% = 5,75\%$;
	Laufzeit	$n = 6$ Jahre.

Gesucht: Anfangskapital

Lösung: $K_0 = 9715\ € : 1,0575^6 \approx 6946,41\ €$

1. Berechne das Endkapital mit Zinseszinsen. Runde gegebenenfalls auf zwei Dezimalen.

   a) 29845 € Anfangskapital bei 12 Jahren und 8,25%
   b) 4012,75 € Anfangskapital bei 9 Jahren und 4,15%
   c) 563,11 € Anfangskapital bei 4 Jahren und 3,45%
   d) 87,20 € Anfangskapital bei 25 Jahren und 9,95%

2. Berechne das Anfangskapital mit Zinseszinsen. Runde gegebenenfalls auf zwei Dezimalen.

   a) 238956 € Endkapital bei 10 Jahren und 7,65%
   b) 55023,35 € Endkapital bei 7 Jahren und 5,25%
   c) 4474,22 € Endkapital bei 3 Jahren und 4,55%
   d) 398,30 € Endkapital bei 30 Jahren und 8,85%

3. Fülle die leeren Felder aus und runde gegebenenfalls auf zwei Dezimalen.

	a)	b)	c)	d)	e)	f)
Anfangskapital	38400 €		4440 €		2100 €	
Zinssatz	8,4%	6,1%	9%	7,5%	5,25%	4,75%
Laufzeit	12 Jahre	8 Jahre	15 Jahre	6 Jahre	3 Jahre	5 Jahre
Endkapital		15900 €		3750 €		1360 €

4. Für eine größere Anschaffung zahlt Familie Bendig sechsmal jeweils am Jahresanfang 800 € auf ein Sparkonto ein, ohne zwischenzeitlich Geld abzuheben. Der Jahreszinssatz beträgt 3,5%.
Fülle die Tabelle aus und runde gegebenenfalls auf zwei Dezimalen.

	Guthaben am Jahresanfang	Zinsen für das laufende Jahr	Guthaben am Jahresende
Erstes Jahr			
Zweites Jahr			
Drittes Jahr			
Viertes Jahr			
Fünftes Jahr			
Sechstes Jahr			

5. Herr Moritz will bei der Volksbank einmalig einen festen Geldbetrag anlegen, um nach einer bestimmten Zeit über das um die Zinseszinsen angewachsene Kapital vollständig verfügen zu können. Die Bank bietet ihm eine jährliche Verzinsung von 4,75% und verspricht, ihm entweder nach 3 Jahren 32607,84 € oder nach 4 Jahren 33109,21 € oder nach 5 Jahren 34681,90 € zurückzuzahlen. Herr Moritz stellt durch Nachrechnen fest, dass bei einer der drei Möglichkeiten etwas nicht stimmen kann.

    a)   Hat Herr Moritz Recht?
    b)   Welches Anfangskapital hat Herr Moritz eingezahlt?

6. Anja feiert ihren 12. Geburtstag und bekommt von ihren Großeltern 50 € geschenkt. Die Großeltern stellen ihr aber in Absprache mit der örtlichen Sparkasse folgende Bedingung: „Lege das Geld bis zu deinem 18. Geburtstag fest bei der Sparkasse zu 5% Zinsen an. Dann bekommst du von uns zu jedem deiner nächsten Geburtstage bis einschließlich zu deinem 17. immer 10 € mehr. Jedes Geldgeschenk musst du wieder bis zu deinem 18. Geburtstag mit 5% Zinsen anlegen. Sobald du 18 bist, kannst du über das Geld frei verfügen, vorher aber nicht."
Welchen Geldbetrag kann Anja an ihrem 18. Geburtstag abheben?

7. Kauft man heute einen abgezinsten Sparbrief zu einem Nominalwert von 15000 € mit einem festen Jahreszinssatz und einer festen Laufzeit, so zahlt man heute den Betrag ein, der am Ende der Laufzeit mit Zinseszinsen auf 15000 € angewachsen ist. Berechne jeweils die Einzahlungsbeträge zu diesem Nominalwert.

	a)	b)	c)	d)	e)	f)
Zinssatz	5%	5,5%	6%	6,5%	7%	7,5%
Laufzeit	4 Jahre	5 Jahre	6 Jahre	7 Jahre	8 Jahre	9 Jahre
Einzahlungs-betrag						

8. Ein mit 6,5% verzinstes Anfangskapital wächst mit Zinseszinsen auf 7195 € an. Wie hoch ist das Anfangskapital, wenn dieses für folgenden Zeitraum angelegt ist?
a)   4 Jahre   b)   6 Jahre
c)   8 Jahre   d)   10 Jahre

9. Formuliere selbst Fragestellungen, die zu der jeweiligen Aufgabe passen, und bestimme dann die gesuchten Größen.

a)   Ein Kapital von 67200 € wird mit 5,6% Zinseszins und einer Laufzeit von 7 Jahren angelegt.

b)   Wilma und Simon zahlen auf ihre neu eröffneten Sparkonten einmalig jeweils dasselbe feste Anfangskapital zu einem Zinssatz von 4,5% ein. Wilma lässt ihr angelegtes Geld 5 Jahre lang stehen ohne die Zinsen abzuheben, während Simon am Ende jeden Jahres über seine Zinsen verfügt. Am Ende des fünfjährigen Anlagezeitraumes bekommt Wilma 9969,46 € ausbezahlt.

c)   Ein Finanzmakler zahlt von jedem Kapitalbetrag, der am Anfang eines Jahres bei ihm angelegt wird, ein Achtel an Zinsen, um die sich das Kapital dann jeweils am Jahresende vermehrt. Anfang 2006 legt Herr Krämer bei diesem Makler einmalig einen festen Betrag an, der bis Ende 2009 auf 7312,25 € angewachsen sein wird.

d)   Ein Kreditinstitut zahlt für eine Einmaleinlage mit zweijähriger Laufzeit im ersten Jahr 4% und im zweiten Jahr 5%. Bei Fälligkeit werden insgesamt 20475 € ausgezahlt.

2 Berechnung der Zinseszinsen

Subtrahiert man das Anfangskapital K_0 von dem Endkapital K_n, so erhält man die Zinseszinsen über die gesamte Laufzeit.

$$Z_n = K_n - K_0$$

Ersetzt man in dieser Formel K_n durch $K_0 \cdot (1 + p\%)^n$ und klammert anschließend K_0 aus, so erhält man:

$$Z_n = K_0 \cdot [(1 + p\%)^n - 1]$$

1. Wie hoch sind die Zinseszinsen, wenn das Anfangskapital 5375 € und das Endkapital 8062 € betragen?

Gegeben:	Anfangskapital	K_0 = 5375 € ;
	Endkapital	K_n = 8062 € .

   Gesucht: Zinseszinsen

   Lösung: $Z_n = 8062\ € - 5375\ € = 2687\ €$

2. Wie hoch sind die Zinseszinsen, wenn das Anfangskapital 3509 €, der Jahreszinssatz 4,25% und die Laufzeit 9 Jahre betragen?

Gegeben:	Anfangskapital	K_0 = 3509 € ;
	Jahreszinssatz	$p\%$ = 4,25% ;
	Laufzeit	n = 9 Jahre .

   Gesucht: Zinseszinsen

   Lösung: $Z_9 = 3509\ € \cdot (1{,}0425^9 - 1) \approx 1594{,}50\ €$

10. Berechne die Zinseszinsen. Runde gegebenenfalls auf zwei Dezimalen.

   a)   54892 € Anfangskapital und 89034 € Endkapital
   b)   5721,04 € Anfangskapital bei 9 Jahren und 2,35%
   c)   365,99 € Anfangskapital bei 5 Jahren und 4,54%
   d)   78,80 € Anfangskapital bei 21 Jahren und 8,87%

11. Fülle die leeren Felder aus und runde gegebenenfalls auf zwei Dezimalen.

	a)	b)	c)	d)	e)	f)
Anfangskapital	48400 €	9876 €	5540 €	213005 €	1200 €	31,90 €
Zinssatz	7,3%	–	8%	0,33%	4,4%	14,25%
Laufzeit	14 Jahre	–	10 Jahre	8 Jahre	5 Jahre	2 Jahre
Endkapital		91500 €				
Zinseszinsen						

12. Herr Meurer möchte seine Ferienwohnung renovieren und zahlt – ohne zwischendurch abzuheben – sechs gleichbleibende Raten in Höhe von 650 € jeweils zu Jahresbeginn auf ein Bankkonto mit 2,95% Jahreszins ein.
Fülle die Tabelle aus und runde gegebenenfalls auf zwei Dezimalen.

	Guthaben am Jahresanfang	Zinsen für das laufende Jahr	Zinseszinsen am Jahresende
Erstes Jahr			
Zweites Jahr			
Drittes Jahr			
Viertes Jahr			
Fünftes Jahr			
Sechstes Jahr			

13. Frau Hellwig lässt sich zum Kauf eines abgezinsten Sparbriefes beraten, für den sie am Ende der Laufzeit Steuern für die angesammelten Zinseszinsen, also der Differenz zwischen dem dann erreichten Nominalwert und dem Erwerbspreis zu Beginn der Laufzeit, bezahlen muss. In der Tabelle sind unterschiedliche Konditionen

aufgeführt.
Berechne jeweils auf volle Euro gerundet den Nominalwert sowie den
Teil der angesammelten Zinseszinsen, der nach dem Steuerabzug
verbleibt.

	a)	b)	c)	d)	e)	f)
Erwerbspreis	3861,04 €	4656,07 €	5215,83 €	5558,32 €	6114,54 €	6399,63 €
Zinssatz	6,5%	7%	7,5%	8%	8,5%	9%
Laufzeit	7 Jahre	8 Jahre	9 Jahre	10 Jahre	11 Jahre	12 Jahre
Nominalwert						
Steuersatz	20%	25%	30%	35%	40%	45%
Gesamte Zinseszinsen nach dem Steuerabzug						

14. Formuliere selbst Fragestellungen, die zu der jeweiligen Aufgabe
passen, und bestimme dann die gesuchten Größen.

a) Ein Kapital von 276000 € wird mit 4% Zinseszins und einer
Laufzeit von 4 Jahren angelegt.

b) Volker eröffnet ein Sparbuch zu einem festen Jahreszinssatz
von 3,75% und zahlt einmalig 1500 € ein. Nach sechs Jahren
löst er das Konto auf.

c) Ein Guthaben vermehrt sich am Ende eines jeden Jahres um
$\frac{1}{9}$ seines jeweiligen Wertes. Nach drei Jahren kann über das
Geld verfügt werden.

d) Eine Bank bietet einen Sparbrief zum Kaufpreis von 8500 € mit
fünfjähriger Laufzeit und jährlich steigenden Zinssätzen an, die
sich mit 1,75%, 2,5%, 3,25%, 4% und 4,75% staffeln.

3 Experimentelle Bestimmung des Jahreszinssatzes

Löst man die Formel $K_n = K_0 \cdot (1 + p\%)^n$ zur Berechnung des Endkapitals nach $(1 + p\%)^n$ auf, so erhält man:

$$(1 + p\%)^n = K_n : K_0$$

Sind die Laufzeit n sowie das Anfangs- und Endkapital vorgegeben, so erhält man den Zinsfaktor $(1 + p\%)$ näherungsweise, indem man experimentell mit dem Taschenrechner mehrfach verschiedene Werte für den Zinsfaktor einsetzt, dann diesen mit der n potenziert und das Ergebnis schließlich mit $K_n : K_0$ vergleicht, so lange bis die gewünschte Genauigkeit erreicht ist.

1. Wie hoch ist der Jahreszinssatz, wenn ein Kapital von 15450 € nach 10 Jahren mit Zinseszinsen auf 27810 € anwächst?

Gegeben:	Anfangskapital	$K_0 = 15450$ € ;
	Endkapital	$K_n = 27810$ € ;
	Laufzeit	$n = 10$ Jahre .

    Gesucht: Jahreszinssatz

    Lösung: $K_{10} : K_0 = 27810$ € : 15450 € = 1,8. Durch mehrfaches Einsetzen verschiedener Zinsfaktoren und anschließendes Potenzieren mit 10 bis zum Erreichen der gewünschten Genauigkeit erhält man $(1 + p\%) \approx$ 1,0605, also beträgt der Jahreszinssatz etwa 6,05%.

2. Wie hoch ist der Jahreszinssatz, wenn ein Kapital von 26570 € nach 8 Jahren mit Zinseszinsen um 10628 € wächst?

Gegeben:	Anfangskapital	$K_0 = 26570$ € ;
	Gesamte Zinseszinsen	$Z_8 = 10628$ € ;
	Laufzeit	$n = 8$ Jahre .

    Gesucht: Jahreszinssatz

    Lösung: $K_8 : K_0 = (K_0 + Z_8) : K_0 = 37198$ € : 26570 € = 1,4. Durch mehrfaches Einsetzen verschiedener Zinsfaktoren und anschließendes Potenzieren mit 8 bis zum Erreichen der gewünschten Genauigkeit erhält man $(1 + p\%) \approx 1{,}0430$, also beträgt der Jahreszinssatz etwa 4,3%.

3.   Wie hoch ist der Jahreszinssatz, wenn ein mit Zinseszinsen nach 6 Jahren auf 122700 € angewachsenes Kapital insgesamt 20450 € gebracht hat?

Gegeben: Endkapital $K_6 = 122700\ \text{€}$;
            Gesamte Zinseszinsen $Z_6 = 20450\ \text{€}$;
            Laufzeit $n = 6$ Jahre .

Gesucht: Jahreszinssatz

Lösung: $K_6 : K_0 = K_6 : (K_6 - Z_6) = 122700\ \text{€} : 102250\ \text{€} = 1{,}2$.
            Durch mehrfaches Einsetzen verschiedener Zinsfaktoren und anschließendes Potenzieren mit 6 bis zum Erreichen der gewünschten Genauigkeit erhält man $(1 + p\%) \approx 1{,}0309$, also beträgt der Jahreszinssatz etwa 3,09%.

Tipp: Richte dich beim Einsetzen des Zinsfaktors nach der Tatsache, dass sich ein mit 6% Zinseszinsen angelegtes Kapital in etwa 12 Jahren verdoppelt.

15.   Berechne den Jahreszinssatz. Runde gegebenenfalls auf zwei Dezimalen.

a)   17325 € wachsen in 2 Jahren auf 18380 € an.
b)   31250 € wachsen in 5 Jahren auf 38020 € an.
c)   780 € wachsen in 7 Jahren um 317,54 €.
d)   910 € wachsen in 12 Jahren um 921,10 €.

16. Fülle die leeren Felder aus und runde gegebenenfalls auf zwei Dezimalen.

	a)	b)	c)	d)	e)	f)
Anfangskapital	1500 €	2500 €		5150 €	720 €	
Zinssatz						
Laufzeit	25 Jahre	6 Jahre	2 Jahre	14 Jahre	20 Jahre	4 Jahre
Endkapital	4500 €		3500 €	6750 €		6660 €
Gesamte Zinseszinsen		500 €	250 €		1160 €	330 €

17. In Kleinmünzingen werben die Sparkasse, die Vereinsbank und die Volksbank mit Sparbriefen.

Sparkasse: Wenn Sie noch heute bei uns einen Sparbrief zu 10000 € kaufen, sind Sie nach 5 Jahren um 2500 € reicher.

Vereinsbank: Sorgen Sie für Ihr Alter vor. Das Geld, was Sie in unseren Sparbriefen investieren, verdreifacht sich nach 28 Jahren.

Volksbank: Brauchen Sie in 10 Jahren 150000 € Startkapital zum Bau Ihres Traumhauses? Sie werden es besitzen, wenn Sie jetzt nur 60% € davon in unseren Sparbriefen anlegen.

Welche Jahreszinssätze liegen den Sparbriefen zugrunde?

18. Formuliere selbst Fragestellungen, die zu der jeweiligen Aufgabe passen, und bestimme dann die gesuchten Größen.

a) Ein Bundesschatzbrief zu 25000 € bringt nach vier Jahren insgesamt 5000 € Zinsen.

b) Nach 6 Jahren wird eine Inhaberschuldverschreibung mit 35000 € einschließlich 10000 € Zinseszinsen zurückgezahlt.

c) Ein Guthaben hat sich nach 30 Jahren verdreifacht.

d) Für einen Kredit von 27500 € muss ein Schuldner nach 9 Jahren 50000 € zurückzahlen.

4 Experimentelle Bestimmung der Laufzeit

Löst man die Formel $K_n = K_0 \cdot (1 + p\%)^n$ zur Berechnung des Endkapitals nach $(1 + p\%)^n$ auf, so erhält man:

$$(1 + p\%)^n = K_n : K_0$$

Sind der Jahreszinssatz $p\%$ sowie das Anfangs- und Endkapital vorgegeben, so erhält man die Laufzeit n näherungsweise, indem man experimentell mit dem Taschenrechner mehrfach verschiedene Werte für n einsetzt und das Ergebnis schließlich mit $K_n : K_0$ vergleicht, so lange bis die gewünschte Genauigkeit erreicht ist.

1. Bestimme die Laufzeit in Jahren, wenn ein Kapital von 60000 € mit 4% Zinseszinsen auf 67491,84 € anwächst.

Gegeben:	Anfangskapital	$K_0 = 60000 €$;
	Endkapital	$K_n = 67491,84 €$;
	Jahreszinssatz	$p\% = 4\%$.

Gesucht: Laufzeit in Jahren

Lösung: $K_n : K_0 = 67491,84 € : 60000 € = 1,124864$. Durch mehrfaches Einsetzen verschiedener Laufzeiten n bis zum Erreichen der gewünschten Genauigkeit erhält man $1,04^3 = 1,124864$, also beträgt die Laufzeit 3 Jahre.

2. Bestimme die Laufzeit in Jahren, wenn ein Kapital von 80000 € mit 5% Zinseszinsen um 17240,50 € wächst.

| Gegeben: | Anfangskapital | $K_0 = 80000 €$; |
| | Gesamte Zinseszinsen | $Z_n = 17240,50 €$; |

	Jahreszinssatz	$p\% = 5\%$.

Gesucht: Laufzeit in Jahren

Lösung: $K_n : K_0 = (K_0 + Z_n) : K_0 = 97240{,}50\,€ : 80000\,€ = 1{,}21550625$. Durch mehrfaches Einsetzen verschiedener Laufzeiten n bis zum Erreichen der gewünschten Genauigkeit erhält man $1{,}05^4 = 1{,}21550625$, also beträgt die Laufzeit 4 Jahre.

3.   Bestimme die Laufzeit in Jahren, wenn ein mit 6% Zinseszinsen auf 50562 € angewachsenes Kapital insgesamt 5562 € gebracht hat.

Gegeben: Endkapital $K_n = 50562\,€$;
     Gesamte Zinseszinsen $Z_n = 5562\,€$;
     Jahreszinssatz $p\% = 6\%$.

Gesucht: Laufzeit in Jahren

Lösung: $K_n : K_0 = K_n : (K_n - Z_n) = 50562\,€ : 45000\,€ = 1{,}1236$. Durch mehrfaches Einsetzen verschiedener Laufzeiten n bis zum Erreichen der gewünschten Genauigkeit erhält man $1{,}06^2 = 1{,}1236$, also beträgt die Laufzeit 2 Jahre.

Tipp: Richte dich beim Einsetzen der Laufzeit nach der Tatsache, dass sich ein mit 6% Zinseszinsen angelegtes Kapital in etwa 12 Jahren verdoppelt.

19.

Berechne die Laufzeit. Runde gegebenenfalls auf zwei Dezimalen.

a)   20000 € wachsen mit 2% Zinseszinsen auf 21224,16 € an.
b)   24000 € wachsen mit 3% Zinseszinsen auf 25461,60 € an.
c)   600 € wachsen mit 4% Zinseszinsen um 101,92 €.
d)   1500 € wachsen mit 5% Zinseszinsen um 414,42 €.

20. Fülle die leeren Felder aus und runde gegebenenfalls die Laufzeiten auf volle Jahre.

	a)	b)	c)	d)	e)	f)
Anfangskapital		400 €	1200 €		5000 €	3000 €
Zinssatz	3%	4%	5%	6%	7%	8%
Laufzeit						
Endkapital	1400 €		1323 €	7000 €		5000 €
Gesamte Zinseszinsen	400 €	220 €		800 €	1200 €	

21. Fülle die leeren Felder mit den Laufzeiten (in Jahren) aus, nach denen sich ein Kapital vervielfacht. Runde gegebenenfalls die Laufzeiten auf volle Jahre.

Jahres- zinssatz	Verdopp- lung	Verdrei- fachung	Vervier- fachung	Verfünf- fachung	Versechs- fachung	Versieben- fachung
2%						
3%						
4%						
5%						
6%						
7%						
8%						

22. Formuliere selbst Fragestellungen, die zu der jeweiligen Aufgabe passen, und bestimme dann die gesuchten Größen.

    a)   Ein abgezinster Sparbrief mit einem Kaufpreis von 36000 € bringt bei einem Jahreszinssatz von 4% insgesamt 6114,91 € Zinseszinsen.

b) Ein mit 6% verzinster Bundesschatzbrief wird mit 63833,36 €
einschließlich 18833,36 € Zinseszinsen zurückgezahlt.

c) Ein ursprünglich zu einem festen Jahreszins von 9%
angelegtes Kapital hat sich heute vervierfacht.

d) Für ein Darlehen von 38500 € mit einem Festzinssatz von 9%
muss ein Bauherr 59237,02 € zurückzahlen.

5 Ratensparen

Eine Sparform, bei der in regelmäßigen Abständen innerhalb eines
festgelegten Zeitraums gleichbleibende Raten eingezahlt werden, bezeichnet
man als **Ratensparen**. Hierbei ist jede Sparrate ein Kapitalbetrag, der zu
einem festen Zinsatz bis zum Ende der vereinbarten Laufzeit mit Zinseszinsen
anwächst.

Familie Wohlgemuth hat bei ihrer Bank einen Ratensparvertrag mit einer
Laufzeit von 7 Jahren abgeschlossen. Sie zahlt jeweils zu Beginn eines jeden
Jahres die gleichbleibende Sparrate von 1200 € zum Festzinssatz von 4% ein.
Die erste Rate war Anfang Januar 2006 fällig. Über welches Guthaben kann
Familie Wohlgemuth am Ende der Laufzeit verfügen?

Gegeben: Jährlich gleichbleibende Sparrate 1200 € ;
Jahreszinssatz p% = 4% ;
Laufzeit 7 Jahre .

Gesucht: Guthaben am Ende der Laufzeit

Lösung: Die Zins- und Guthabenentwicklung macht die
nachfolgende Tabelle deutlich.

[1] Beginn des Jahres	[2] Guthaben Jahresbeginn	[3] Einzahlung Jahresbeginn	[4] Zinssatz	[5] Zinsen Jahresende = ([2] + [3]) * [4]	[6] Guthaben Jahresende = [2] + [3] + [5]
2006	0,00 €	1.200,00 €	4,00%	48,00 €	1.248,00 €
2007	1.248,00 €	1.200,00 €	4,00%	97,92 €	2.545,92 €
2008	2.545,92 €	1.200,00 €	4,00%	149,84 €	3.895,76 €
2009	3.895,76 €	1.200,00 €	4,00%	203,83 €	5.299,59 €
2010	5.299,59 €	1.200,00 €	4,00%	259,98 €	6.759,57 €
2011	6.759,57 €	1.200,00 €	4,00%	318,38 €	8.277,95 €
2012	8.277,95 €	1.200,00 €	4,00%	379,12 €	9.857,07 €

Am Ende der Laufzeit kann Familie Wohlgemuth über 9857,07 € verfügen.

23. Fülle die leeren Felder aus und runde gegebenenfalls auf zwei Dezimalen.

Beginn des Jahres	Guthaben Jahresbeginn	Einzahlung Jahresbeginn	Zinssatz	Zinsen Jahresende	Guthaben Jahresende
2006	0,00 €	950,00 €	4,50%	42,75 €	992,75 €
2007					
2008	2.030,17 €	950,00 €	4,50%		3.114,28 €
2009	3.114,28 €	950,00 €	4,50%	182,89 €	

24. Vervollständige die Tabelle und runde gegebenenfalls auf zwei Dezimalen.

Beginn des Jahres	Guthaben Jahresbeginn	Einzahlung Jahresbeginn	Zinssatz	Zinsen Jahresende	Guthaben Jahresende
2006	0,00 €	750,00 €	6,25%		
2007					
2008					
2009					
2010					
2011					
2012					

25. Berechne für die folgenden Ratensparverträge jeweils das Guthaben am Ende der Laufzeit. Lege jeweils eine Tabelle an und runde gegebenenfalls auf zwei Dezimalen.

a)	Jährliche Rate 500 €	Zinssatz 1,5%	Laufzeit 3 Jahre;
b)	Jährliche Rate 600 €	Zinssatz 2%	Laufzeit 4 Jahre;
c)	Jährliche Rate 700 €	Zinssatz 2,5%	Laufzeit 5 Jahre;
d)	Jährliche Rate 800 €	Zinssatz 3%	Laufzeit 6 Jahre;

6   Ratenkredite

Eine Darlehensform, bei der in regelmäßigen Abständen innerhalb eines festgelegten Zeitraums gleichbleibende Raten zurückgezahlt werden, bezeichnet man als **Ratenkredit**. Hierbei setzt sich jede Kreditrate aus einem Zins- und einem Tilgungsanteil zusammen, der die sogenannte **Restschuld** von Jahr zu Jahr vermindert. Die erste Tilgungsrate wird als Prozentsatz des ursprünglichen Kreditbetrages angegeben und heißt **Anfangstilgung**.

Eine gleichbleibende Jahresrate wird auch als **Annuität** bezeichnet.

Die letzte Restschuld am Ende der Laufzeit ist entweder in einem Betrag oder in Form eines neuen Kredits zurückzuzahlen. Im letzteren Fall spricht man auch von Umschuldung.

Familie Berger schließt bei ihrer Bank einen Ratenkreditvertrag in Höhe von 5000 € mit einer Laufzeit von 5 Jahren ab. Sie zahlt jeweils zu Beginn eines jeden Jahres die gleichbleibende Kreditrate von 900 € zum Festzinssatz von 8% ein. Die erste Rate ist Anfang Januar 2007 fällig. Als Anfangstilgung ist 10% vereinbart. Welche Restschuld hat Familie Berger am Ende der Laufzeit zu begleichen?

Gegeben:	Kreditbetrag	5000 € ;
	Jahreszinssatz	p% = 8% ;
	Anfangstilgung	10% ;
	Laufzeit	5 Jahre .

Gesucht: Restschuld am Ende der Laufzeit

Lösung: Die Zins-, Tilgungs- und Restschuldentwicklung macht die nachfolgende Tabelle deutlich.

[1] Beginn des Jahres	[2] Restschuld Jahresbeginn	[3] Zins-satz	[4] Schuldzinsen Jahresende	[5] Tilgung Jahresende	[6] Feste Jahresrate	[7] Restschuld Jahresende
			= [2] * [3]	= [6] - [4]	= [4] + [5]	= [2] - [5]
2007	5.000,00 €	8,00%	400,00 €	500,00 €	900,00 €	4.500,00 €
2008	4.500,00 €	8,00%	360,00 €	540,00 €	900,00 €	3.960,00 €
2009	3.960,00 €	8,00%	316,80 €	583,20 €	900,00 €	3.376,80 €
2010	3.376,80 €	8,00%	270,14 €	629,86 €	900,00 €	2.746,94 €
2011	2.746,94 €	8,00%	219,76 €	680,24 €	900,00 €	2.066,70 €

Am Ende der Laufzeit hat Familie Berger eine Restschuld von 2066,70 € zu begleichen.

26. Fülle die leeren Felder aus und runde gegebenenfalls auf zwei Dezimalen.

Anfangstilgung: ☐

Beginn des Jahres	Restschuld Jahresbeginn	Zins-satz	Schuldzinsen Jahresende	Tilgung Jahresende	Feste Jahresrate	Restschuld Jahresende
2006	75.000,00 €	10,50%	7.875,00 €	6.750,00 €	14.625,00 €	68.250,00 €
2007						
2008	60.791,25 €	10,50%	6.383,08 €		14.625,00 €	52.549,33 €
2009	52.549,33 €	10,50%		9.107,32 €	14.625,00 €	43.442,01 €
2010	43.442,01 €	10,50%	4.561,41 €	10.063,59 €	14.625,00 €	

27. Berechne für die folgenden Ratenkreditverträge jeweils die Restschuld am Ende der Laufzeit. Lege jeweils eine Tabelle an und runde gegebenenfalls auf zwei Dezimalen.

a) Kreditbetrag 3500 € ; Jahreszinssatz 7,5% ;
Anfangstilgung 8% ; Laufzeit 4 Jahre

b) Kreditbetrag 6250 € ; Jahreszinssatz 5,75% ;
Anfangstilgung 7,5% ; Laufzeit 6 Jahre

c)   Kreditbetrag 7800 €   ;   Jahreszinssatz 6,25%   ;
Anfangstilgung 6,5%   ;   Laufzeit 7 Jahre

d)   Kreditbetrag 9750 €   ;   Jahreszinssatz 9%   ;
Anfangstilgung 5%   ;   Laufzeit 8 Jahre

7   Vergleich: Mehrjährige Verzinsung – Zinseszins

28.   Vergleiche die einfachen Zinsen mit den Zinseszinsen.

Kapital	22000 €	9450 €	12800 €	95,95 €	0,05 €	12 €
Zinssatz	6,75%	5%	7,25%	4,5%	8%	7%
Laufzeit	3 Jahre	4 Jahre	2 Jahre	9 Jahre	55 Jahre	20 Jahre
Einfache Zinsen						
Zinseszinsen						

29.   Im Werbeprospekt eines Finanzmaklers ist zu lesen: „Wenn Sie bei mir 100000 € drei Jahre lang anlegen und die Zinsen zwischenzeitlich nicht abheben, bekommen Sie für dieses Anfangskapital jährlich 4% Zinsen und und noch einen einmaligen Bonus von 300 € am Ende der Laufzeit." Die örtliche Sparkasse zahlt ebenfalls 4% Zinsen pro Jahr, aber keinen Bonus am Ende der dreijährigen Laufzeit. Stattdessen verzinst sie zum Ende eines jeden Jahres die am Ende des Vorjahres gezahlten Zinsen gemeinsam mit dem Anfangskapital, wie es bei Banken üblich ist.

Vergleiche die beiden Auszahlungsbeträge am Ende der dreijährigen Laufzeit miteinander.

30. Formuliere selbst Fragestellungen zu einfachen Zinsen und Zinseszinsen und bestimme dann die gesuchten Größen.

a) Marek legt 125 € für 6 Jahre zu 3,65% auf ein Sparkonto.

b) Ein mit 3,45% verzinstes Sparguthaben erbringt nach zehn Jahren insgesamt 2225,25 € Zinsen.

c) Um 169,20 € wächst ein mit 2,35% verzinstes Kapital innerhalb von 9 Jahren.

8 Vermischte Übungen

31. Fülle die leeren Felder aus und runde gegebenenfalls auf zwei Dezimalen (Laufzeiten auf volle Jahre).

	a)	b)	c)	d)	e)	f)
Anfangskapital	4980,50 €		3210,90 €		5545 €	
Jahreszinssatz	7,2%	5,15%	4,5%	3,05%	5,25%	7,7%
Laufzeit	10 Jahre	7 Jahre	11 Jahre	4 Jahre	5 Jahre	2 Jahre
Endkapital		6700 €		4250 €		2450 €

	g)	h)	i)	j)	k)	l)
Anfangskapital	5950 €	1234 €	3390 €	706005 €	3400 €	20,20 €
Zinssatz	5,4%	–	7%	0,66%	3,3%	12,75%
Laufzeit	12 Jahre	–	9 Jahre	6 Jahre	8 Jahre	3 Jahre
Endkapital		42800 €				
Gesamte Zinseszinsen						

	m)	n)	o)	p)	q)	r)
Anfangskapital	3200 €	1900 €		6350 €	470 €	
Zinssatz						
Laufzeit	18 Jahre	8 Jahre	3 Jahre	11 Jahre	15 Jahre	6 Jahre
Endkapital	5600 €		4250 €	9850 €		9990 €
Gesamte Zinseszinsen		400 €	350 €		930 €	850 €

	s)	t)	u)	v)	w)	x)
Anfangskapital		450 €	1350 €		6500 €	2000 €
Zinssatz	3,5%	4%	5,25%	6%	7%	8,75%
Laufzeit						
Endkapital	1500 €		1495 €	8500 €		4000 €
Gesamte Zinseszinsen	500 €	250 €		1900 €	4500 €	

32. Vervollständige die beiden Ratensparpläne. Runde gegebenenfalls auf zwei Dezimalen.

Beginn des Jahres	Guthaben Jahresbeginn	Einzahlung Jahresbeginn	Zinssatz	Zinsen Jahresende	Guthaben Jahresende
2006	0,00 €	825,00 €	5,75%	47,44 €	872,44 €
2007					
2008	1.795,04 €	825,00 €	5,75%		2.770,69 €
2009	2.770,69 €	825,00 €	5,75%	206,75 €	

Beginn des Jahres	Guthaben Jahresbeginn	Einzahlung Jahresbeginn	Zinssatz	Zinsen Jahresende	Guthaben Jahresende
2006	0,00 €	540,00 €	4,95%		
2007					
2008					
2009					
2010					
2011					
2012					

33. Fülle die leeren Felder aus und runde gegebenenfalls auf zwei Dezimalen.

Anfangstilgung: [   ]

Beginn des Jahres	Restschuld Jahresbeginn	Zins-satz	Schuldzinsen Jahresende	Tilgung Jahresende	Feste Jahresrate	Restschuld Jahresende
2006	58.000,00 €	9,75%	5.655,00 €	4.350,00 €	10.005,00 €	53.650,00 €
2007						
2008	48.875,88 €	9,75%	4.765,40 €		10.005,00 €	43.636,27 €
2009	43.636,27 €	9,75%		5.750,46 €	10.005,00 €	37.885,81 €
2010	37.885,81 €	9,75%	3.693,87 €	6.311,13 €	10.005,00 €	

34. Vervollständige die Tabelle und runde gegebenenfalls auf zwei Dezimalen.

Anfangstilgung: [   ]

Beginn des Jahres	Restschuld Jahresbeginn	Zins-satz	Schuldzinsen Jahresende	Tilgung Jahresende	Feste Jahresrate	Restschuld Jahresende
2006	125.000,00 €	8,50%			11.875,00 €	
2007						
2008						
2009						
2010						
2011						
2012						

G Tests

1 Prozentrechnung

Kaum Hoffnung für Menschen ohne Job

Schlechteste Arbeitslosenquote seit fünf Jahren – Stellenangebote sinken um ein Drittel

Um mehr als 20 Prozent ist die Zahl der Arbeitslosen im Raum Bergisch Gladbach innerhalb von zwei Jahren gestiegen. Im Dezember erreichte die Quote die Acht-Prozent-Marke.

VON INA SPERL

Rheinisch-Bergischer Kreis - Seit 1997 hat es nicht mehr so viele Menschen ohne Job gegeben. Männer und Arbeitnehmer in gewerblichen Berufen sind besonders betroffen: Für sie ist das Risiko der Arbeitslosigkeit heutzutage hoch. Die schlechte Konjunkturlage führt auch in Bergisch Gladbach, Kürten, Odenthal, Overath und Rösrath zu einem stetigen Anstieg der Arbeitslosigkeit. So meldeten sich im Jahr 2002 mehr als 12 000 Männer und Frauen beim Arbeitsamt Bergisch Gladbach arbeitslos, das waren 15 Prozent mehr als im Vorjahr. Hatte die

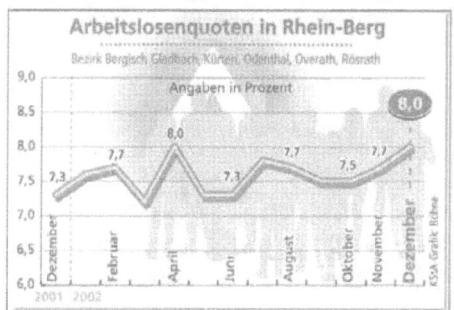

durchschnittliche Arbeitslosenquote in 2001 bei 7,0 Prozent gelegen, so errechnet das Amt für 2002 eine Quote von 7,5 Prozent.

Ende Dezember waren im Kreisgebiet 7686 Menschen ohne Job,

vier Prozent mehr als im Vormonat und ganze elf Prozent mehr als im Vorjahr. Im Dezember 2001 waren etwa 6950 Männer und Frauen ohne Arbeit, im Dezember 2000 etwa 6300, so dass das Amt innerhalb von

zwei Jahren einen Zuwachs von rund 20 Prozent verzeichnet.

Im Dezember 2002 lag die Arbeitslosenquote bei 8,0 Prozent, das bedeutet einen Anstieg von 0,7 Prozent im Vergleich zum vergangenen Jahr. Nur wenige offene Stellen wurden dem Arbeitsamt gemeldet: Unternehmen und Verwaltungen boten 132 freie Arbeitsplätze an. Insgesamt ging in 2002 die Nachfrage nach Arbeitskräften um 37 Prozent zurück, verglichen mit dem Vorjahr. Auch der Bestand der verfügbaren Stellen schrumpfte mit 36 Prozent um ein gutes Drittel.

Kurzarbeit, ein Mittel zur Überbrückung von Arbeitsausfällen und Einschränkungen in der Produktion, nahm im Dezember wieder zu: Insgesamt 230 Arbeitnehmer in 20 Betrieben waren betroffen. Im November waren es 127 Männer und Frauen in 17 Unternehmen gewesen, berichtet das Arbeitsamt.

Quelle: Kölner Stadtanzeiger vom 10. Januar 2003.

Lies den Zeitungsartikel sehr aufmerksam und konzentriert durch. Beantworte dann die folgenden Fragen.

a) Wie viele Männer und Frauen meldeten sich im Jahr 2001 beim Arbeitsamt Bergisch Gladbach arbeitslos?

b) Wie viele zivile Erwerbspersonen gab es im Rheinisch-Bergischen Kreis jeweils in den Jahren 2001 und 2002 mindestens?

c) Wie viele Menschen waren Ende November 2002 ohne Job?

d) Wie viele Menschen waren im Jahr 2001 ohne Job?

e) Wie genau ist die Zeitungsaussage, dass der Arbeitslosenzuwachs innerhalb von zwei Jahren rund 20 Prozent beträgt?

Erläuterungen zum Text:
– Unter der Arbeitslosenquote versteht man den prozentualen Anteil der gemeldeten Arbeitslosen an den zivilen Erwerbspersonen.
– Mit „Im Dezember ..." ist „Ende Dezember ..." gemeint.

2 Zins- und Zinseszinsrechnung

1. Berechne die Zinsen:

Kapital: 40000 €
Zinssatz: 3,75%
Laufzeit: 3 Monate 6 Tage

2. Berechne die Kosten (Jahreszinsen zuzüglich Bearbeitungsgebühr)
für folgende Darlehen mit einjähriger Laufzeit und fülle die leeren
Felder aus.

Darlehen	Zinssatz	Bearbeitungsgebühr	Kosten
110500 €	4,25%	350 €	
85000 €	4,75%	6% der Jahreszinsen	
34500 €	$5\frac{1}{4}$ %	Keine	

3.

Die Abbildung zeigt einen Originalausschnitt aus einem historischen Sparbuch,
das in den Anfängen der Währungsreform den Übergang von der Reichsmark
(RM) zur Deutschen Mark (DM) dokumentiert. Das abgebildete RM-Sparbuch
wurde am 17. Juli 1948 aufgelöst und durch ein DM-Sparbuch ersetzt. Der
Reichsmark-Betrag am 17. Juli 1948 wurde auf dem neuen DM-Sparbuch im
Verhältnis 10 : 1 in DM umgewandelt und in DM verzinst. Der damalige
Zinssatz betrug 3%. Zur Erinnerung: 1€ = 1,95583 DM.
Berechne die Zinsen in RM, in DM und in €, die vom 13. Dezember 1946 bis
zum 16. Juli 1948 insgesamt aufgelaufen sind.

H Anhang: Basiswissen zur Prozent- und Zinsrechnung

1   Rechenregeln zu Brüchen

1.   Ein **Bruch** $\frac{z}{n}$ bezeichnet den **Anteil** an einem Ganzen und besteht aus einem **Zähler** $z \in \mathbb{N}$, einem **Bruchstrich** und einem **Nenner** $n \in \mathbb{N}$ mit $n \neq 0$.

Dividiert man das Ganze durch n und multipliziert man   anschließend das Ergebnis mit z, so erhält man den zugehörigen **Bruchteil** des Ganzen.

2.   Ein Bruch $\frac{z}{n}$ kann als Quotient von z und n aufgefasst werden. Somit dient der Bruchstrich als Ersatz für das Divisionszeichen. $\frac{z}{n} = z : n$

3.   Man **erweitert** einen Bruch mit einer natürlichen Zahl $k \neq 0$, indem man Zähler und Nenner mit k multipliziert. $\frac{z}{n} = \frac{z \cdot k}{n \cdot k}$

4.   Man **kürzt** einen Bruch mit einer natürlichen Zahl $k \neq 0$, indem man Zähler und Nenner durch k dividiert. Hierbei muss k ein gemeinsamer Teiler von z und n sein. Ist k der größte gemeinsame Teiler (ggT) von z und n, so wird der Bruch vollständig gekürzt. $\frac{z}{n} = \frac{z : k}{n : k}$

Tipp: *Erweitern und Kürzen verändern nicht den Wert des Bruchs.*

5.   Man **vergleicht** Brüche der Größe nach miteinander, indem man sie derart erweitert oder kürzt, dass entweder ihre Zähler oder ihre Nenner gleich sind.

Sind zwei Brüche zählergleich, so hat derjenige Bruch den größeren Wert, welcher den kleineren Nenner hat.

Sind zwei Brüche nennergleich (gleichnamig), so hat derjenige Bruch den größeren Wert, welcher den größeren Nenner hat.

Tipp: Bei gleichnamigen Brüchen sollte als gemeinsamer Nenner der **Hauptnenner** gewählt werden. Der Hauptnenner ist das kleinste gemeinsame Vielfache (kgV) der Nenner.

6. Man **addiert**, bzw. **subtrahiert** zwei Brüche, indem man

   a) sie auf den Hauptnenner bringt,
   b) ihre Zähler addiert, bzw. subtrahiert,
   c) ihren gemeinsamen Nenner beibehält.

7. Man **multipliziert einen Bruch mit einer natürlichen Zahl** k, indem man den Zähler mit k multipliziert und den Nenner beibehält.

$$k \cdot \frac{z}{n} = \frac{k \cdot z}{n}$$

   Tipp: Sind k und n nicht teilerfremd, so kann auch direkt k gegen n gekürzt werden.

8. Man **dividiert einen Bruch durch eine natürliche Zahl** k, indem man den Nenner mit k multipliziert und den Zähler beibehält. $\frac{z}{n} : k = \frac{z}{n \cdot k}$

   Tipp: Sind z und k nicht teilerfremd, so kann auch direkt z gegen k gekürzt werden.

9. Man **multipliziert zwei Brüche** miteinander, indem man die Zähler und die Nenner miteinander multipliziert. $\frac{z_1}{n_1} \cdot \frac{z_2}{n_2} = \frac{z_1 \cdot z_2}{n_1 \cdot n_2}$

   „Faustregel": **„Zähler mal Zähler" durch „Nenner mal Nenner".**

   Tipp: Kürze wenn möglich vor dem Multiplizieren.

10. Man **dividiert einen Bruch durch einen anderen Bruch**, indem man den ersten Bruch mit dem Kehrbruch des zweiten Bruches multipliziert.

$$\frac{z_1}{n_1} : \frac{z_2}{n_2} = \frac{z_1}{n_1} \cdot \frac{n_2}{z_2} = \frac{z_1 \cdot n_2}{n_1 \cdot z_2}$$

   Tipp: Kürze wenn möglich vor dem Multiplizieren.

11. Für Brüche gelten dieselben Rechengesetze wie für natürliche Zahlen. Es seien a, b und c beliebige Brüche.

Assoziativgesetze: $(a + b) + c = a + (b + c) = a + b + c$
$(a \cdot b) \cdot c = a \cdot (b \cdot c) = a \cdot b \cdot c$

Klammern können beliebig gesetzt oder auch weggelassen werden.

Kommutativgesetze: $a + b = b + a$ $\qquad a \cdot b = b \cdot a$

Summanden, bzw. Faktoren können beliebig vertauscht werden.

Distributivgesetze: $a \cdot (b + c) = a \cdot b + a \cdot c$
$a \cdot (b - c) = a \cdot b - a \cdot c$
$(a + b) : c = a : c + b : c$
$(a - b) : c = a : c - b : c$

Ein Bruch wird mit einer Summe (Differenz) zweier Brüche multipliziert, indem jeder Summand (Minuend und Subtrahend) mit diesem Bruch multipliziert wird.

Eine Summe (Differenz) zweier Brüche wird durch einen Bruch dividiert, indem jeder Summand (Minuend und Subtrahend) durch diesen Bruch dividiert wird.

Zu 1. Verwandle $\frac{7}{8}$ km in m.

1 km = 1000 m ; 1000 m : 8 = 125 m ; 125 m · 7 = 875 m ;
$\frac{7}{8}$ km = 875 m

Zu 2. a) $\frac{11}{12} = 11 : 12$ b) $55 : 24 = \frac{55}{24} = 2\frac{7}{24}$

Zu 3. Erweitere $\frac{17}{36}$ mit 8. $\frac{17}{36} = \frac{17 \cdot 8}{36 \cdot 8} = \frac{136}{288}$

Zu 4. Kürze $\frac{42}{56}$ mit 14. $\frac{42}{56} = \frac{42 : 14}{56 : 14} = \frac{3}{4}$

Zu 5. Vergleiche $\frac{25}{48}$ mit $\frac{35}{64}$ und $\frac{18}{55}$ mit $\frac{30}{97}$.

a) Hauptnenner: kgV(48 ; 64) = 192
$\frac{25}{48} = \frac{100}{192}$; $\frac{35}{64} = \frac{105}{192}$; $\frac{100}{192} < \frac{105}{192}$, also $\frac{25}{48} < \frac{35}{64}$

b)　　kgV(18 ; 30) = 90

$\frac{18}{55} = \frac{90}{275}$; $\frac{30}{97} = \frac{90}{291}$; $\frac{90}{275} > \frac{90}{291}$, also $\frac{18}{55} > \frac{30}{97}$

Zu 6. a)　　$\frac{11}{12} + \frac{17}{18} = \frac{33}{36} + \frac{34}{36} = \frac{67}{36} = 1\frac{31}{36}$

b)　　$\frac{27}{40} - \frac{11}{45} = \frac{243}{360} - \frac{88}{360} = \frac{155}{360} = \frac{31}{72}$

Zu 7. a)　　$3 \cdot \frac{4}{7} = \frac{12}{7} = 1\frac{5}{7}$　　　　b)　　$4 \cdot \frac{5}{6} = 2 \cdot \frac{5}{3} = \frac{10}{3} = 3\frac{1}{3}$

Zu 8. a)　　$\frac{15}{17} : 4 = \frac{15}{17 \cdot 4} = \frac{15}{68}$　　　　b)　　$\frac{18}{19} : 12 = \frac{3}{19 \cdot 2} = \frac{3}{38}$

Zu 9:　$\frac{24}{35} \cdot \frac{14}{21} = \frac{24 \cdot 14}{35 \cdot 21} = \frac{8 \cdot 2}{5 \cdot 7} = \frac{16}{35}$

Zu 10:　$\frac{36}{77} : \frac{27}{91} = \frac{36}{77} \cdot \frac{91}{27} = \frac{36 \cdot 91}{77 \cdot 27} = \frac{4 \cdot 13}{11 \cdot 3} = \frac{52}{33} = 1\frac{19}{33}$

Zu 11: a)　　$\left(\frac{2}{3} + \frac{3}{4}\right) + \frac{4}{5} = \frac{17}{12} + \frac{4}{5} = \frac{85}{60} + \frac{48}{60} = \frac{133}{60} = 2\frac{13}{60}$

$\frac{2}{3} + \left(\frac{3}{4} + \frac{4}{5}\right) = \frac{2}{3} + \frac{31}{20} = \frac{40}{60} + \frac{93}{60} = \frac{133}{60} = 2\frac{13}{60}$

b)　　$\left(\frac{2}{3} \cdot \frac{3}{4}\right) \cdot \frac{4}{5} = \frac{1}{2} \cdot \frac{4}{5} = \frac{2}{5}$　　　　$\frac{2}{3} \cdot \left(\frac{3}{4} \cdot \frac{4}{5}\right) = \frac{2}{3} \cdot \frac{3}{5} = \frac{2}{5}$

c)　　$\frac{2}{3} + \frac{3}{4} = \frac{8}{12} + \frac{9}{12} = \frac{17}{12} = 1\frac{5}{12}$　　　　$\frac{3}{4} + \frac{2}{3} = \frac{9}{12} + \frac{8}{12} = \frac{17}{12} = 1\frac{5}{12}$

d)　　$\frac{2}{3} \cdot \frac{3}{4} = \frac{2 \cdot 3}{3 \cdot 4} = \frac{1}{2}$　　　　$\frac{3}{4} \cdot \frac{2}{3} = \frac{3 \cdot 2}{4 \cdot 3} = \frac{1}{2}$

e)　　$\frac{2}{3} \cdot \left(\frac{3}{4} + \frac{4}{5}\right) = \frac{2}{3} \cdot \frac{31}{20} = \frac{31}{30}$　　　　$\frac{2}{3} \cdot \frac{3}{4} + \frac{2}{3} \cdot \frac{4}{5} = \frac{1}{2} + \frac{8}{15} = \frac{31}{30}$

f)　　$\frac{2}{3} \cdot \left(\frac{4}{5} - \frac{3}{4}\right) = \frac{2}{3} \cdot \frac{1}{20} = \frac{1}{30}$　　　　$\frac{2}{3} \cdot \frac{4}{5} - \frac{2}{3} \cdot \frac{3}{4} = \frac{8}{15} - \frac{1}{2} = \frac{1}{30}$

g)　　$\left(\frac{3}{4} + \frac{4}{5}\right) : \frac{2}{3} = \frac{31}{20} : \frac{2}{3} = \frac{93}{40} = 2\frac{13}{40}$

$\frac{3}{4} : \frac{2}{3} + \frac{4}{5} : \frac{2}{3} = \frac{9}{8} + \frac{6}{5} = \frac{93}{40} = 2\frac{13}{40}$

h)　　$\left(\frac{4}{5} - \frac{3}{4}\right) : \frac{2}{3} = \frac{1}{20} : \frac{2}{3} = \frac{3}{40}$　　　　$\frac{4}{5} : \frac{2}{3} - \frac{3}{4} : \frac{2}{3} = \frac{6}{5} - \frac{9}{8} = \frac{3}{40}$

1. Verwandle.   a) $\frac{3}{4}$ km in m   b) $\frac{5}{8}$ hl in ml

2. Berechne.   a) $\frac{11}{12}$ von 156 kg   b) $\frac{4}{7}$ von 119 m²

3. Erweitere mit 2 (3 ; 6 ; 8 ; 15 ; 20). $\frac{5}{9}$; $\frac{11}{13}$; $\frac{7}{15}$; $\frac{17}{24}$; $\frac{33}{35}$; $\frac{34}{43}$

4. Kürze vollständig und ordne anschließend in aufsteigender Reihenfolge.

$\frac{12}{18}$; $\frac{72}{84}$; $\frac{64}{120}$; $\frac{66}{102}$; $\frac{114}{126}$; $\frac{120}{136}$

5. Berechne mit allen notwendigen Zwischenschritten.

a) $\left[\left(1\frac{1}{2}-\frac{9}{16}\right)\cdot 12+4\right]:\left(2\frac{1}{2}-1\frac{1}{4}\right)$

b) $\left[4\frac{1}{2}:\left(1\frac{1}{8}-\frac{1}{4}\right)\right]:\left[\frac{1}{39}\cdot\left(1\frac{5}{7}+2\right)\right]$

6. Stelle einen Term auf und berechne mit allen notwendigen Zwischenschritten.

a)   Multipliziere die Summe von $2\frac{11}{12}$ und $5\frac{5}{6}$ mit der Differenz von $10\frac{1}{2}$ und $5\frac{1}{4}$.

b)   Subtrahiere den Quotienten von $4\frac{4}{9}$ und $2\frac{1}{2}$ von der Summe aus $6\frac{1}{2}$ und $3\frac{1}{3}$.

2 Rechenregeln zu Dezimalbrüchen

1. Man **addiert**, bzw. **subtrahiert** Dezimalbrüche, indem man

   - sie so untereinanderschreibt, dass Komma unter Komma steht,
   - wie bei natürlichen Zahlen addiert, bzw. subtrahiert,
   - das Komma im Ergebnis unter die anderen Kommas setzt.

   Falls erforderlich werden fehlende Nachkommastellen mit Nullen aufgefüllt.

2. Man **multipliziert** zwei Dezimalbrüche miteinander, indem man

   - ohne Berücksichtigung der Kommas wie bei natürlichen Zahlen multipliziert,
   - das Komma im Ergebnis so setzt, dass dieses genau so viel Nachkommastellen hat wie beide Faktoren zusammen.

   Falls erforderlich werden im Ergebnis noch Nullen vorangestellt.

3. Man **dividiert** zwei Dezimalbrüche, indem man

   - die Kommas im Dividenden und im Divisor so weit um dieselbe Stellenanzahl nach rechts verschiebt, bis der Divisor eine natürliche Zahl ist,
   - wie durch eine natürliche Zahl dividiert. Hierbei ist beim Überschreiten des Kommas im Dividenden auch im Ergebnis ein Komma zu setzen.

   Falls erforderlich kann jede natürliche Zahl durch Anfügen eines Kommas und beliebig vieler Nullen als Dezimalbruch dargestellt werden (z.B. 234 = 234,0000).

4. Für Dezimalbrüche gelten ebenfalls die **Assoziativ-, Kommutativ- und Distributivgesetze** (siehe Seite ...).

Zu 1.   4,6 + 91,42 + 8 = 104,02

$$
\begin{array}{r}
4,60 \\
91,42 \\
\underline{8,00} \\
104,02
\end{array}
$$

Zu 2. a) $\underline{19{,}02 \cdot 6{,}3}$
            11412
            $\underline{5706}$
            119,826

        b) $\underline{0{,}46 \cdot 0{,}8}$
                    $\underline{368}$
                    0,368

Zu 3. a) 29,2608 : 7,62 =   2926,08 : 762 = 3,84
                                $\underline{-2286}$
                                  6400
                                $\underline{-6096}$
                                   3048
                                 $\underline{-3048}$
                                      0

       b) 0,82 : 0,33   =   82 : 33 = 2,$\overline{48}$
                                $\underline{-66}$
                                 160
                               $\underline{-132}$
                                 280
                               $\underline{-264}$
                                 160

7. a) 8,05 + 16,1 + 301,861 + 180,04 + 36,4
        b) 2304 − 140,7 − 0,0012 − 20,7 − 39

8. a) 48,4 · 12,016   b) 0,0018 · 0,027
        c) 53,04 : 7,8   d) 18,5475 : 0,75
        e) 455 : 0,006   f) 7722 : 132

9. (30,4 + 3 · 3,2) : (322,5 : 1,25 − 0,25 · 232)

10. Stelle einen Term auf und berechne mit allen notwendigen Zwischenschritten.

        a) Dividiere die Differenz von 20,5882 und 1,081 durch die Summe von 4,11 und 1,986.

        b) Addiere das Produkt von 17,5 und 1,05 zum Quotienten von 12,69 und 0,3.

3 Proportionale Zuordnungen

1. Eine Zuordnung heißt **proportionale Zuordnung**, wenn jedem Vielfachen der ersten Größe dasselbe Vielfache der zweiten Größe zugeordnet ist.

2. Eine proportionale Zuordnung hat die

   Zuordnungsvorschrift $x \to k \cdot x$ und die
   Zuordnungsgleichung $y = k \cdot x$ $(x > 0)$.

3. Löst man die Zuordnungsgleichung nach k auf, so ist $k = \frac{y}{x}$

   der konstante Quotient aus zweiter und erster Größe. Alle Paare (x|y) sind **quotientengleich**. k heißt **Proportionalitätsfaktor**.

4. Die aus den quotientengleichen Paaren bestehenden Punkte (x|y) liegen auf einer Halbgeraden durch den Ursprung (0|0) des Achsenkreuzes. Sie ist der **Graph der proportionalen Zuordnung**.

   Gegeben sei die Zuordnung, die jeder Größe x ihr 1,2-faches zuordnet.

   Die gegebene Zuordnung ist proportional. Es gilt z.B.

   $1 \cdot 1 \to 1{,}2 \cdot 1 = 1{,}2$ oder $1 \cdot 1 \to 120\% \cdot 1 = 120\%$
   $1 \cdot 2 \to 1{,}2 \cdot 2 = 2{,}4$ oder $1 \cdot 2 \to 120\% \cdot 2 = 240\%$
   $1 \cdot 3 \to 1{,}2 \cdot 3 = 3{,}6$ oder $1 \cdot 3 \to 120\% \cdot 3 = 360\%$ usw.

   Zuordnungsvorschrift: $x \to 1{,}2 \cdot x$; Zuordnungsgleichung: $y = 1{,}2 \cdot x$

   Die Paare (x | 1,2·x) sind wegen $\frac{1{,}2 \cdot x}{x} = 1{,}2$ quotientengleich. Der Proportionalitätsfaktor ist 1,2.

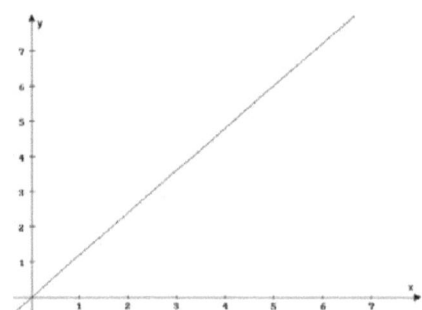

11. Untersuche die nachfolgenden Zuordnungen auf Proportionalität.

    a)   Gefahrene Strecke in km $\rightarrow$ Entfernung bis zum Ziel in km

    b)   Gefahrene Strecke in km $\rightarrow$ Anzahl der Reifenumdrehungen

    c)   Menschenalter in Jahren $\rightarrow$ Körpergröße in cm

12. Die Tabelle soll zu einer proportionalen Zuordnung gehören.

x-Wert	3	4,2	6,08	13	$14\frac{2}{3}$	18
y-Wert		15,12				

    a)   Fülle die leeren Felder aus.

    b)   Gib den Proportionalitätsfaktor und die Zuordnungsvorschrift an.

    c)   Zeichne den Graphen der Zuordnung mit geeignetem Maßstab in ein Achsenkreuz und bestätige deine Tabellenwerte.

13. Eine 250-g-Packung Butter kostet 99 c.

    a)   Wie teuer sind 6 Packungen ($1\frac{1}{4}$ kg ; 2750 g ; 3,75 kg) Butter?

    b)   Stelle die Zuordnung grafisch dar und begründe anhand des Graphen, dass es sich um eine proportionale Zuordnung handelt.

    c)   Berechne den Proportionalitätsfaktor und gib die Zuordnungsvorschrift an.

    d)   Lies ab, wie viele Butterpackungen man für 6,93 € bekommt und bestätige dein Ergebnis auch rechnerisch.

4 Dreisatz für proportionale Zuordnungen

Um mit proportionalen Zuordnungen praktischer rechnen zu können, verwendet man ein Rechenschema, das mit Dreisatz bezeichnet wird. Beim Dreisatz ist ein „Satz" von drei Größen vorgegeben und eine vierte Größe gesucht.

1. Für 2 Liter Himbeersaft braucht man 0,3 Liter Sirup. Wie viel Liter Sirup braucht man für 3 Liter Himbeersaft?

Textschreibweise	Erläuterung
Für 2 l Himbeersaft braucht man 0,3 l Sirup.	*Aufschreiben der gegebenen Informationen*
Für 1 Liter Himbeersaft braucht man 0,3 l : 2 = 0,15 l Sirup.	*Zurückrechnen auf eine Einheit*
Für 3 Liter Himbeersaft braucht man 0,15 l · 3 = 0,45 l Sirup.	*Hochrechnen auf das gesuchte Vielfache*

Kurzschreibweise
2 l → 0,3 l
1 l → 0,3 l : 2 = 0,15 l
3 l → 0,15 l · 3 = 0,45 l

$: 2 \Big(\quad \Big) : 2$

$\cdot 3 \Big(\quad \Big) \cdot 3$

2. Eine Ware kostet 256,80 € einschließlich 7% ermäßigter Mehrwertsteuer. Wie teuer ist die Ware ohne Mehrwertsteuer (Nettopreis)?

Kurzschreibweise
107% → 256,80 €
1% → 256,80 € : 107 = 2,40 €
100% → 2,40 € · 100 = 240 €

$: 107 \Big(\quad \Big) : 107$

$\cdot 100 \Big(\quad \Big) \cdot 100$

Tipp: Richte das Dreisatzschema so ein, dass die gesuchte Größe unten rechts steht.

Hinweise:
- *Statt dezimal kann auch mit Prozenten oder Brüchen gerechnet werden. Bei Brüchen sollte rechtzeitig gekürzt werden.*
- *Es muss nicht immer auf die Einheitsmaßzahl 1 zurückgerechnet werden. Oft ist es zweckmäßig, auf den ggT der beiden anderen*

Maßzahlen oder auf irgendeine andere passende Größe zurückzurechnen.

14. 2500 kcal (Kilokalorien) entsprechen 10467 kJ (Kilojoule).

a) Wie viel kJ entsprechen 3500 kcal?

b) Wie viel kcal entsprechen 9000 kJ?

500 g Magermilchjoghurt enthalten 210 kcal.

c) Wie viel kcal enthalten 300 g dieses Joghurts?

d) Wie viel Gramm Joghurt enthalten 504 kcal?

15. Für eine Ruderfahrt bucht eine Klassenlehrerin ein Jugendhotel für drei Tage. Zwei Tage kosten 26 € pro Teilnehmer.
Wie hoch ist die Rechnung, wenn insgesamt 24 Schülerinnen und Schüler an der Fahrt teilnehmen?

16. Unter der Dichte eines Stoffes versteht man sein Gewicht in Gramm pro cm³ bei einer Temperatur von 20° Celsius.
Fülle alle leeren Felder in der nachfolgenden Tabelle aus, indem du jeweils ein passendes Dreisatzschema verwendest.
Runde gegebenenfalls auf zwei Dezimalen.

	Metall	Gewicht	Volumen	Dichte
a)	Aluminium	323,88 kg	120 dm³	
b)	Blei	2,724 t		11,35
c)	Eisen		3,5 m³	7,86
d)	Gold	694,8 mg	36 mm³	
e)	Kupfer	321,48 kg		8,93
f)	Quecksilber		2,5 dm³	13,54
g)	Silber	252 g	24 cm³	
h)	Uran	897,6 g		18,7
i)	Zink		4,5 dm³	7,13

5   Umformungen von Termen

Ein **Term** ist ein **Rechenausdruck mit einer Variablen**. Für eine solche Variable kann eine beliebige Zahl eingesetzt werden. Nach dem Einsetzen und anschließendem Ausrechnen wird dem Term ein **Wert** zugewiesen.

Ein Term kann unter Anwendung der bekannten Rechengesetze schrittweise in einen oder mehrere **äquivalente Terme** umgeformt werden, bis ein möglichst einfacher äquivalenter Term entstanden ist.

Beim Ausrechnen innerhalb eines Terms ist nacheinander Folgendes zu beachten:

1.   Inhalte von Klammern haben beim Ausrechnen immer Vorrang.
2.   Die Potenzrechnung hat Vorrang vor der Punktrechnung.
3.   Die Punktrechnung hat Vorrang vor der Strichrechnung.

Beim schrittweisen **Vereinfachen äquivalenter Terme** geht man der Reihe nach folgendermaßen vor:

1.   Vereinheitlichen,
2.   Klammern auflösen,
3.   Ordnen,
4.   Zusammenfassen.

a)   Der Term $4 \cdot (6 \cdot x - 5)$ kann folgendermaßen in Worten ausgedrückt werden:

Subtrahiere vom Sechsfachen der für x eingesetzten Zahl die Zahl 5 und multipliziere das Ergebnis mit 4.

Entsprechend kann umgekehrt auch eine Rechenvorschrift als Term ausgedrückt werden.

b) $\quad 8 \cdot x + 7 \cdot (4 + 9x)$
$= \quad 8x + 7 \cdot (4 + 9x) \quad$ (Vereinheitlichen der Schreibweise)
$= \quad 8x + 28 + 63x \quad$ (Klammern auflösen)
$= \quad 8x + 63x + 28 \quad$ (Ordnen)
$= \quad 71x + 28 \quad$ (Zusammenfassen)

17.   a)   Fülle die leeren Tabellenfelder aus.

	$\frac{x}{3} - 0,2$	$6 \cdot (7x + 8)$	$\frac{2}{x} + \frac{x}{2}$	$(x + 1)^2 - 1$
$x = \frac{11}{12}$				
$x = 2$				
$x = 5\frac{7}{9}$				
$x = 6,4$				

b)   Formuliere die Terme in der Kopfzeile in Worten.

18.   Schreibe als Term.

a)   Addiere die Zahl 3 zum Achtfachen der Differenz aus einer Zahl und 2.

b)   Multipliziere die Summe aus dem sechsten Teil einer Zahl und der Zahl 11 mit 5.

19.   Drücke den Oberflächeninhalt eines Quaders, dessen Seitenlängen sich wie 1 : 2 : 3 verhalten, als Term aus und vereinfache diesen möglichst weit.

20.   Vereinfache möglichst weit.

a) $2x + (3x + 4)$

b) $(5y + 6) + (7 + 8y)$

c) $12 + (10a - 9) + (8 + 7a)$

d) $\frac{3}{4} \cdot (2\frac{2}{3}b + 16)$

21.   a) $9p + [8p + (7 + 6p)]$

        b) $5(q + 4) + 3(2 + q)$

        c) $2r + (4 + 5r) + 6 + (7r + 8)$

        d) $\frac{5}{6} \cdot (s + 18) + 3\frac{4}{5} \cdot (s + 25)$

6 Umformungen von Gleichungen

Terme sind Bestandteile von Gleichungen. Deshalb gelten für das Umformen von Gleichungen entsprechende Regeln wie für das Umformen von Termen.

Eine Gleichung kann unter Anwendung der bekannten Rechengesetze schrittweise in eine oder mehrere **äquivalente Gleichungen** umgeformt werden.

Bei diesen **Äquivalenzumformungen** kann man folgendermaßen vorgehen:

1. Terme umformen (siehe H 5),
2. auf beiden Seiten der Gleichung dieselbe Zahl addieren oder subtrahieren,
3. beide Seiten der Gleichung mit derselben von Null verschiedenen Zahl multiplizieren oder durch dieselbe von Null verschiedene Zahl dividieren.

Lösungen einer Gleichung sind diejenigen Zahlen, für die sich eine wahre Aussage ergibt.

Eine Gleichung heißt

– **allgemeingültig**, wenn jede Zahl zur Lösung der Gleichung führt,
– **unerfüllbar** oder **unlösbar**, wenn keine Zahl zur Lösung der Gleichung führt.

a)
$$
\begin{aligned}
3x + 4(5 + 2x) &= 9x + 26 \\
\Leftrightarrow \quad 3x + 20 + 8x &= 9x + 26 \\
\Leftrightarrow \quad 11x + 20 &= 9x + 26 \qquad | -9x \ | -20 \\
\Leftrightarrow \quad 2x &= 6 \qquad | :2 \\
\Leftrightarrow \quad x &= 3
\end{aligned}
$$

b)
$$
\begin{aligned}
2(5x - 3) + 4x &= 14x - 6 \\
\Leftrightarrow \quad 10x - 6 + 4x &= 14x - 6 \\
\Leftrightarrow \quad 14x - 6 &= 14x - 6
\end{aligned}
$$

Die Gleichung ist allgemeingültig.

c)
$$
\begin{aligned}
12(7x + 3) + x &= 85x + 9 \\
\Leftrightarrow \quad 84x + 36 + x &= 85x + 9
\end{aligned}
$$

$$\Leftrightarrow \quad 85x + 36 \quad = \quad 85x + 9$$
$$\Leftrightarrow \quad 36 \quad = \quad 9$$

Die Gleichung ist unerfüllbar (unlösbar).

22. Löse die Gleichungen.

a) $15x - 135 = 105$ b) $4(9q - 1) + \frac{2}{7}q = q + 0,5$

c) $43 = 37 + 12y$ d) $5(3x + 4) + 2(3x - 1) = 21x$

e) $0,35z + \frac{5}{8} = 1\frac{2}{3}$ f) $0,2(7p - 10) + 2 = 1\frac{2}{5}p$

23. a) Verlängert man die Seite eines Quadrats um 2 cm, so entsteht ein neues Quadrat mit dem Umfang 24 cm. Welche Flächeninhalte haben das ursprüngliche und das neue Quadrat?

b) Die eine Seite eines Rechtecks ist dreimal so lang wie die andere. Verdoppelt man die kürzere Seite und halbiert die längere, so entsteht ein neues Rechteck mit dem Umfang 35 cm. Welche Flächeninhalte haben das ursprüngliche und das neue Rechteck? Was fällt auf?

24. Die Zehnerziffer einer zweistelligen Zahl ist um 4 kleiner als ihre Einerziffer. Vertauscht man ihre Ziffern, so ist die neue Zahl um 36 größer als die ursprüngliche Zahl. Wie heißen die beiden Zahlen?

25. Anna hat sich soeben eine Tüte Bonbons gekauft und lässt Kai rechnen, wie viele Bonbons in der Tüte sind. „Verdopple die Anzahl der Bonbons in der Tüte und nimm dann 5 Bonbons weg. Verdreifache danach das Ergebnis und füge anschließend so viele Bonbons dazu wie in der Tüte sind. Dann hast du sechsmal so viel Bonbons wie in der Tüte sind und noch elf dazu. Nennst du mir die Anzahl der Bonbons in der Tüte, so gebe ich dir die Hälfte."
Wie viele Bonbons bekommt Kai, wenn er die richtige Anzahl nennt?

Lösungen

A   Grundbegriffe der Prozentrechnung

1.   a)

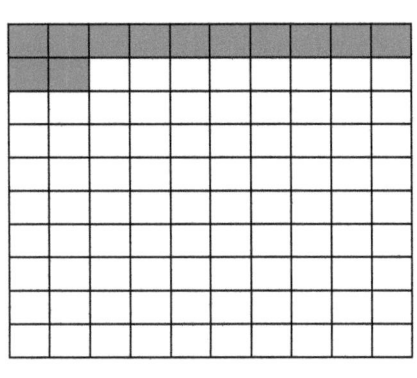

b)

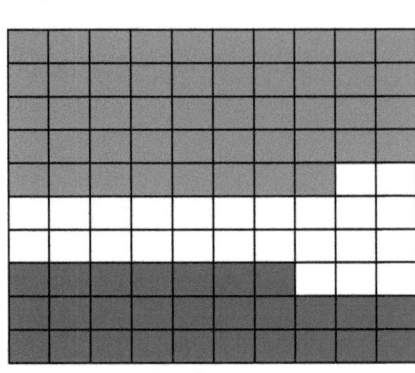

c)

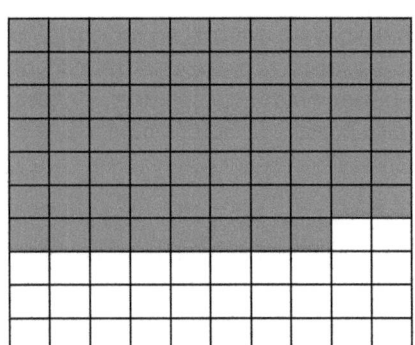

d)

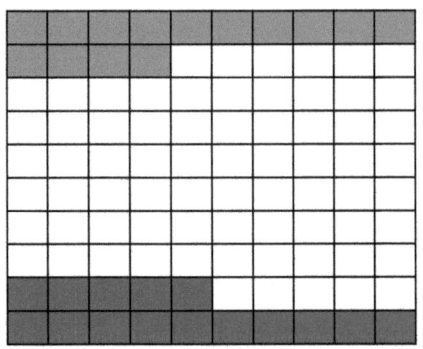

2.   44 Kästchen können mit Buchstaben ausgefüllt werden, das entspricht
$\frac{44}{60} = \frac{11}{15} = 11:15 = 0,7\overline{3} = 73,\overline{3}\% = 73\frac{1}{3}\%$. Also bleiben
$\frac{16}{60} = \frac{4}{15} = 4:15 = 0,2\overline{6} = 26,\overline{6}\% = 26\frac{2}{3}\%$ der Fläche frei.

3.   a) $\frac{11}{25} = \frac{44}{100} = 44\%$ b) $\frac{12}{30} = \frac{2}{5} = \frac{40}{100} = 40\%$

c) $0,123 = 12,3\%$

d) $\frac{30}{72} = \frac{5}{12} = 5:12 = 0,41\overline{6} = 41,\overline{6}\% = 41\frac{2}{3}\%$

e) $0,01\overline{6} = 1,\overline{6}\% = 1\frac{2}{3}\%$

f) $\quad \frac{3}{7} = 3 : 7 = 0,\overline{428571} \approx 42,86\%$

4. a) $\quad 24\% = \frac{24}{100} = \frac{6}{25} = 0,24$

   b) $\quad 66,\overline{6}\% = 66\frac{2}{3}\% = \frac{200}{3}\% = \frac{2}{3} = 0,\overline{6}$

   c) $\quad 5\frac{3}{4}\% = \frac{23}{4}\% = \frac{23}{400} = 23 : 400 = 0,0575$

   d) $\quad 0,032\% = \frac{32}{1000} \cdot \frac{1}{100} = \frac{32}{100000} = \frac{1}{3125} = 0,00032$

   e) $\quad 4,25\% = 4\frac{1}{4}\% = \frac{17}{4}\% = \frac{17}{400} = 0,0425$

   f) $\quad 1,05\% = 1\frac{5}{100}\% = 1\frac{1}{20}\% = \frac{21}{20}\% = \frac{21}{2000} = 0,0105$

5. a) $\quad 6\% \ ; \ \frac{2}{3} \ ; \ 0,66 \ ; \ 6,6\% \ ; \ \frac{1}{6} \ ; \ 66\%$

   $\quad 0,06 \ ; \ 0,\overline{6} \ ; \ 0,66 \ ; \ 0,066 \ ; \ 0,1\overline{6} \ ; \ 0,66$

   $\quad 0,06 < 0,066 < 0,1\overline{6} < 0,66 = 0,66 < 0,\overline{6}$

   $\quad 6\% < 6,6\% < \frac{1}{6} < 0,66 = 66\% < \frac{2}{3}$

   b) $\quad 0,003 \ ; \ 0,\overline{3}\% \ ; \ 0,03\% \ ; \ \frac{1}{3}\% \ ; \ \frac{1}{30} \ ; \ \frac{3}{100}$

   $\quad 0,003 \ ; \ 0,00\overline{3} \ ; \ 0,0003 \ ; \ 0,00\overline{3} \ ; \ 0,0\overline{3} \ ; \ 0,03$

   $\quad 0,0003 < 0,003 < 0,00\overline{3} = 0,00\overline{3} < 0,03 < 0,0\overline{3}$

   $\quad 0,03\% < 0,003 < 0,\overline{3}\% = \frac{1}{3}\% < \frac{3}{100} < \frac{1}{30}$

6. Jeder müsste $\frac{1}{9} = 11,\overline{1}\%$ erhalten. Da Erbin Anna 9% und Erbin Caroline 0,9 = 90% beanspruchen, hat nur Erbe Bastian recht.

7. Die Würfelvolumina aufsteigend nach Größe geordnet betragen: $A_1 = 1$ cm³, $A_2 = 8$ cm³, $A_3 = 27$ cm³ und $A_4 = 64$ cm³.
   Das Quadervolumen beträgt: $B = 5$ cm $\cdot$ 6cm $\cdot$ 7cm = 210 cm³.

   a) $\quad A_1 : A_2 = \frac{1}{8} = 0,125 = 12,5\%$

   $\quad A_2 : A_3 = \frac{8}{27} = 0,\overline{296} = 29,\overline{629}\%$

   $\quad A_3 : A_4 = \frac{27}{64} = 0,421875 = 42,1875\%$

   b) $\quad A_1 : B = \frac{1}{210} = 0,00\overline{476190} = 0,\overline{476190}\%$

   $\quad A_2 : B = \frac{8}{210} = \frac{4}{105} = 0,0\overline{380952} = 3,\overline{809523}\%$

   $\quad A_3 : B = \frac{27}{210} = \frac{9}{70} = 0,12\overline{857142} = 12,8\overline{57142}\%$

   $\quad A_4 : B = \frac{64}{210} = \frac{32}{105} \approx 0,304762 = 30,4762\%$

c) $(A_1 + A_2 + A_3 + A_4) : B$

$= \frac{1+8+27+64}{210} = \frac{100}{210} = \frac{10}{21} = 0,\overline{476190} \approx 47,62\%$

8.   a)   720 € · 6% = 720 € · 0,06 = 43,2 €

b)   345 kg · 18,4% = 345 kg · 0,184 = 63,48 kg

c)   29,5 m · 37% =29,5 m · 0,37 = 10,915 m

d)   11 h 12 min · 80% = 11,2 h · 0,8 = 8,96 h

e)   16,5 l · 0,9% = 16,5 l · 0,009 = 0,1485 l = 148,5 cm³

f)   33 m² · $0,\overline{3}$ % = 33 m² · $\frac{1}{300}$ = $\frac{33}{300}$ m² = 0,11 m² = 11 dm²

9.

p% / G	95 cm	7,5 g	43,88 €	620	156 ml	0,003
8%	7,6 cm	0,6 g	3,51 €	49,6	12,48 ml	0,00024
19%	18,05 cm	1,425 g	8,34 €	117,8	29,64 ml	0,00057
0,2%	0,19 cm	0,015 g	0,09 €	1,24	0,312 ml	0,000006
3,4%	3,23 cm	0,255 g	1,49 €	21,08	5,304 ml	0,000104
150%	142,5 cm	11,25 g	65,82 €	930	234 ml	0,0045
100,5%	95,475 cm	7,5375 g	44,10 €	623,1	156,78 ml	0,003015

10.   5000 · 19% = 5000 · 0,19 = 950   stimmt

150 · 19% = 150 · 0,19 = 28,5 ≠ 30   stimmt nicht

0,6 · 19% = 0,6 · 0,19 = 0,114 ≈ 0,11   stimmt

0,07 · 19% = 0,07 · 0,19 = 0,0133 ≈ 0,01   stimmt

25000 · 19% = 25000 · 0,19 = 4750 ≠ 475   stimmt nicht

10,5 · 19% = 10,5 · 0,19 = 1,995 ≈ 2   stimmt

11.   2 · 340 g · 9% + 3 · 200 g · 3,5% = 680 g · 0,09 + 600 g · 0,035

= 61,2 g + 21 g = 82,2 g.

Zwei Dosen Glücksblatt und drei Tüten Löwenmarke enthalten
zusammen 82,2 g Fett.

12.   Klasse 7a: Mädchen: $32 \cdot 56\frac{1}{4}\%$ = 32 · 0,5625 = 18

        Jungen: 32 − 18 = 14

Klasse 7b: Mädchen: 28 · 25% = 28 · 0, 25 = 7

        Jungen: 28 − 7 = 21

Klasse 7c: Mädchen: 30 · 80% = 30 · 0,8 = 24

        Jungen: 30 − 24 = 6

Klasse 7d: Mädchen: 26 · 50% = 26 · 0,5 = 13

        Jungen: 26 − 13 = 13

Die Klassenstufe hat 18 + 7 + 24 + 13 = 62 Mädchen
und 14 + 21 + 6 + 13 = 54 Jungen.

13.   a)   Fahrt: 450 € · 21% = 450 € · 0,21 =   94,50 €
                  Eintritt: 450 € · 37% = 450 € · 0,37 = 166,50 €
                  Sonstige Ausgaben: 450 € · 42% = 450 € · 0,42 = 189,00 €

           b)   Fahrt: 360° · 21% = 360°· 0,21 =   75,6°
                  Eintritt: 360° · 37% = 360°· 0,37 = 133,2°
                  Sonstige Ausgaben: 360° · 42% = 360°· 0,42 = 151,2°

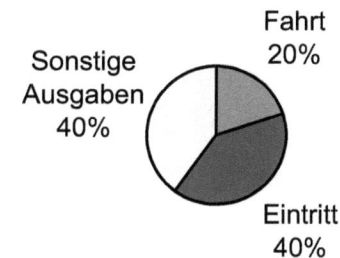

           c)

14.   a)   126 € : 840 € = 0,15 = 15%
       b)   194 kg : 485 kg = 0,4 = 40%
       c)   15,4 dm : 38,5 m = 15,4 dm : 385 dm = 0,04 = 4%
       d)   387 min : 8 h 36 min = 387 min : 516 min = 0,75 = 75%
       e)   352,8 cm^3 : 78,4 l = 352,8 cm^3 : 78400 cm³ = 0,0045 = 0,45%
       f) $\frac{3}{4}$ cm² : 0,075 dm² = 0,75 cm² : 7,5 cm² = 0,1 = 10%

15.

G / P	237,5	18,75	109,74	1553	395	0,0032
915,8	25,93%	2,05%	11,98%	169,58%	43,13%	0,00%
334,7	70,96%	5,60%	32,79%	464,00%	118,02%	0,00%
6,4	3710,94%	292,97%	1714,69%	24265,63%	6171,88%	0,05%
21,78	1090,45%	86,09%	503,86%	7130,39%	1813,59%	0,01%
531,3	44,70%	3,53%	20,65%	292,30%	74,35%	0,00%
12,05	1970,95%	155,60%	910,71%	12887,97%	3278,01%	0,03%

16.   a)

Name	Sirupmenge	Wassermenge	Fruchtsirupgehalt in Prozent

Andrea	240 cm³	1,2 l	240 cm³ : 1200 cm³ = 20%
Bastian	150 cm³	0,8 l	150 cm³ : 800 cm³ = 18,75%
Caroline	0,2 l	980 cm³	200 cm³ : 980 cm³ ≈ 20,41%
Dennis	350 cm³	1,5 dm³	23,33%
Elli	0,16 l	0,78 l	0,16 l : 0,78 l ≈ 20,51%
Ferdi	0,12 l	¾ l	0,12 l : 0,75 l = 16%

b)   (240 + 150 + 200 + 350 + 160 + 120) cm³ :
(1200 + 800 + 980 + 1500 + 780 + 750) cm³
= 1220 cm³ : 6010 cm³ ≈ 20,30%

17.   a)   Gesamtanzahl: 828 + 1188 + 1188 + 396 = 3600
                    Gewinnt: 828 : 3600 = 0,23 = 23%
                    Verliert: 1188 : 3600 = 0,33 = 33%
                    Unentschieden: 1188 : 3600 = 0,33 = 33%
                    Keine Angabe: 396 : 3600 = 0,11 = 11%   oder:
                                            100% − 23% − 2 · 33% − 11% = 11%

    b)

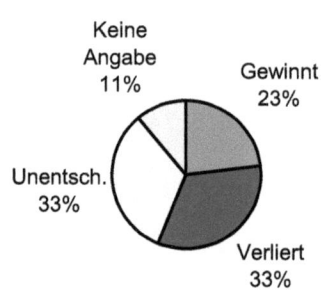

18.   a)   Anzahl aller Achtelfinalteilnehmer: 16
                    Anzahl der Achtelfinalteilnehmer aus
                    Europa: 9,   Asien: 2,   Afrika: 1,   Amerika: 4.
                    Gesuchte Prozentsätze:
                    Europa: 9 : 16 = 0,5625 = 56,25%
                    Asien: 2 : 16 = 0,125 = 12,5%
                    Afrika: 1 : 16 = 0,0625 = 6,25%
                    Amerika: 4 : 16 = 0,25   = 25%

b) Anzahl aller Achtelfinaltore: 22
Anzahl der Achtelfinaltore aus
Europa: 14,   Asien: 2,   Afrika: 2,   Amerika: 4.
Gesuchte Prozentsätze:
Europa: $14 : 22 \approx 0{,}6364$ $= 63{,}64\%$
Asien: $2 : 22 \approx 0{,}0909$ $= 9{,}09\%$
Afrika: $2 : 22 \approx 0{,}0909$ $= 9{,}09\%$
Amerika: $4 : 22 \approx 0{,}1818$ $= 18{,}18\%$

c) Individuelle Lösung, zum Beispiel:
Wie viel Prozent aller Achtelfinalteilnehmer ezielten keine Tore
(ein Tor, zwei Tore, drei Tore, vier Tore)?
Keine Tore: $5 : 16 = 0{,}3125 = 31{,}25\%$
Ein Tor: $4 : 16 = 0{,}25$ $= 25\%$
Zwei Tore: $4 : 16 = 0{,}25$ $= 25\%$
Drei Tore: $2 : 16 = 0{,}125$ $= 12{,}5\%$
Vier Tore: $1 : 16 = 0{,}0625 = 6{,}25\%$

19.   a) $20{,}91\ € : 17\% = 20{,}91\ € : 0{,}17 = 123\ €$

    b) $688{,}926\ t : 69{,}8\% = 688{,}926\ t : 0{,}698 = 987\ t$

    c) $12\frac{1}{4}\ mm : 0{,}025\% = 12{,}25\ mm : 0{,}00025 = 49000\ mm = 49\ m$

    d) $847\ cm² : \frac{7}{11}\% = 847\ cm² : \frac{7}{1100} = 847\ cm² \cdot \frac{1100}{7} = 133100\ cm²$
        $= 1331\ dm²$

    e) $15\ min : 0{,}\overline{3}\% = 15\ min : \frac{1}{300} = 15\ min \cdot 300 = 4500\ min = 75\ h$

    f) $1240\ l : 496\% = 1240\ l : 4{,}96 = 250\ l$

20.

p% / P	0,036	187,2 l	744	52,65 €	9 kg	114 dm
9%	0,4	2080 l	8266,67	585 €	100 kg	1266,67 dm
23%	0,16	813,91 l	3234,78	228,91 €	39,13 kg	495,65 dm
0,24%	15	78000 l	310000	21937,50 €	3750 kg	47500 dm
4,1%	0,88	4565,85 l	18146,34	1284,15 €	219,51 kg	2780,49 dm
180%	0,02	104 l	413,33	29,25 €	5 kg	63,33 dm
120,6%	0,03	155,22 l	616,92	43,66 €	7,46 kg	94,53 dm

21.   a) $2000\ € : 19\% = 2000\ € : 0{,}19 \approx 10526{,}32\ €$

    b) $60\ € : 19\% = 60\ € : 0{,}19 \approx 315{,}79\ €$

    c) $24\ c : 19\% = 24\ c : 0{,}19 \approx 126{,}32\ c \approx 1{,}26\ €$

d)   0,09 € : 19% = 0,09 € : 0,19 ≈ 0,47 €
e)   12000 € : 19% = 12000 € : 0,19 ≈ 63157,89 €
f)   4,20 € : 19% = 4,20 € : 0,19 ≈ 22,11 €

22.   a)   238 € : 119% = 238 € : 1,19 = 200 €
        b)   59,5 € : 119% = 59,5 € : 1,19 = 50 €
        c)   2,90 € : 119% = 2,90 € : 1,19 ≈ 2,44 €

23.   a)   Frau Krause: 159,25 € : 6,5% = 159,25 € : 0,065 = 2450 €
                Herr Müller: 121 € : 5,5% = 121 € : 0,055 = 2200 €
                Herr Meier: 110,40 € : 4% = 110,40 € : 0,04 = 2760 €
        b)   Frau Krause: 2450 € + 159,25 € = 2609,25 €
                Herr Müller: 2200 € + 121 € = 2321 €
                Herr Meier: 2760 € + 110,40 € = 2870,40 €

24.   Frau Leicht: 5,2 kg : 8% = 5,2 kg : 0,08 = 65 kg
     Herr Schwer: 8,1 kg : 9% = 8,1 kg : 0,09 = 90 kg
     Frau Leicht wog vor dem Abnehmen 65 kg + 5,2 kg = 70,2 kg und nach
     dem Abnehmen 65 kg.
     Herr Schwer wog vor dem Zunehmen 90 kg − 8,1 kg = 81,9 kg und
     nach dem Zunehmen 90 kg.

25.   Anzahl der Wahlberechtigten:
     2002:   48 582 761 : 79,1% = 48 582 761 : 0,791 ≈ 61400000
     1998:   49 947 087 : 82,2% = 49 947 087 : 0,822 ≈ 60800000
     1994:   47 737 999 : 79,0% = 47 737 999 : 0,79 ≈ 60400000
     1990:   46 995 915 : 77,8% = 46 995 915 : 0,778 ≈ 60400000

26.

	a)	b)	c)	d)	e)	f)
Prozentwert	850 kg	1,188 km	47,4 a	349,5 €	24,75 m³	550 ha
Prozentsatz	6,25%	6,6%	15,8%	12,5%	12,5 %	220%
Grundwert	13,6 t	18 km	300 a	2796 €	198 m³	250 ha

27.   a)   Prozentsatz der Nieten: 600 : 750 = 0,8 = 80%
        b)   Prozentwert = Mädchenanzahl:
                               30 · 60% = 30 · 0,6 = 18
        c)   Grundwert = Sparbetrag in €:
                        15 € : 3,75% = 15 € : 0,0375 = 400 €
        d)   Prozentsatz der erreichten Punkte: 32 : 80 = 0,4 = 40%
        e)   Grundwert = Player-Preis in €:
                        27 € : 18% = 27 € : 0,18 = 150 €
        f)   Prozentwert = Fichtenanzahl:
                       9600 · 48% = 9600 · 0,48 = 4608

28. a) 999 € · 67% = 999 € · 0,67 = 669,33 €

    b) (999 € · 67%) · 98% = (999 € · 0,67) · 0,98 = 655,94 €

29. a) 3600 € · 22% = 3600 € · 0,22 = 792 €

    b) 792 € · 9% = 792 € · 0,09 = 71,28 €

    c) 792 € · 5,5% = 792 € · 0,055 = 43,56 €

    d) 120 € : 3600 € = $0,0\overline{3} = 3,\overline{3}\%$

    e) 120 € : (3600 € – 792 € – 71,28 € – 43,56 €) = 120 € : 2693,16 € ≈ 0,0446 = 4,46%

30. (1,45 m · 0,75 m · 0,3 m) : 16% = 0,32625 m³ : 0,16 ≈ 2,04 m³

31. Gesamtbevölkerung: 40 356,0 + 42 175,7 = 82 531,7

    a) Männlich: 40 356,0 : 82 531,7 ≈ 0,4890 = 48,90%

    b) Weiblich: 42 175,7 : 82 531,7 ≈ 0,5110 = 51,10%

    c) Türkei: 1 877,7 : 82 531,7 ≈ 0,0228 = 2,28%
       Jugoslawien: 568,2 : 82 531,7 ≈ 0,0069 = 0,69%
       Italien: 601,3 : 82 531,7 ≈ 0,0073 = 0,73%
       Griechenland: 354,6 : 82 531,7 ≈ 0,0043 = 0,43%
       Bosnien/Herzeg.:   167,1 : 82 531,7 ≈ 0,0020 = 0,20%
       Polen: 326,9 : 82 531,7 ≈ 0,0040 = 0,40%
       Kroatien: 236,6 : 82 531,7 ≈ 0,0029 = 0,29%
       Österreich: 189,5 : 82 531,7 ≈ 0,0023 = 0,23%
       USA: 112,9 : 82 531,7 ≈ 0,0014 = 0,14%
       Mazedonien: 61,0 : 82 531,7 ≈ 0,0007 = 0,07%
       Slowenien: 21,8 : 82 531,7 ≈ 0,0003 = 0,03%

B   Veränderung des Grundwertes

1. a) $12,3 \text{ km} \cdot \left(1 + \frac{45}{100}\right)$ = 12,3 km · 1,45 = 17,835 km

   b) $235,8 \text{ g} \cdot \left(1 + \frac{3245}{1000}\right)$ = 235,8 g · 4,245 = 1000,971 g

   c) $92,63 \text{ € } \cdot \left(1 + \frac{72}{100}\right)$ = 92,63 € · 1,72 ≈ 159,32 €

   d) $88 \text{ hl} \cdot \left(1 + \frac{76}{100000}\right)$ = 88 hl · 1,00076 = 88,06688 hl

2. a) $\left(\frac{4,3a}{32ha} \cdot 100\right)\% = \left(\frac{4,3a}{3200a} \cdot 100\right)\% \approx 0,13\%$

$$\left(\tfrac{9871}{68,1\text{m}^3}\cdot 100\right)\% = \left(\tfrac{9871}{68100\text{l}}\cdot 100\right)\% \approx 1,45\%$$

$$\left(\tfrac{77\text{c}}{23,45\text{€}}\cdot 100\right)\% = \left(\tfrac{77\text{c}}{2345\text{c}}\cdot 100\right)\% \approx 3,28\%$$

$$\left(\tfrac{196\,\text{min}}{2\frac{1}{2}\text{h}}\cdot 100\right)\% = \left(\tfrac{196\,\text{min}}{150\,\text{min}}\cdot 100\right)\% = 130\tfrac{2}{3}\%$$

$$\left(\tfrac{812\text{kg}}{43\text{t}}\cdot 100\right)\% = \left(\tfrac{812\text{kg}}{43000\text{kg}}\cdot 100\right)\% \approx 1,89\%$$

$$\left(\tfrac{527\,\text{m}}{15,6\text{km}}\cdot 100\right)\% = \left(\tfrac{527\,\text{m}}{15600\text{m}}\cdot 100\right)\% \approx 3,38\%$$

b)
$$\left(\tfrac{26,4\text{m}^3-143\text{hl}}{143\text{hl}}\cdot 100\right)\% = \left(\tfrac{264\text{hl}-143\text{hl}}{143\text{hl}}\cdot 100\right)\% \approx 84,6\%$$

$$\left(\tfrac{0,01\text{t}-9,15\text{kg}}{9,15\text{kg}}\cdot 100\right)\% = \left(\tfrac{10\text{kg}-9,15\text{kg}}{9,15\text{kg}}\cdot 100\right)\% \approx 9,29\%$$

$$\left(\tfrac{1,78\text{€}-56\text{c}}{56\text{c}}\cdot 100\right)\% = \left(\tfrac{178\text{c}-56\text{c}}{56\text{c}}\cdot 100\right)\% \approx 217,86\%$$

$$\left(\tfrac{3\text{d}2\text{h}-50\text{h}}{50\text{h}}\cdot 100\right)\% = \left(\tfrac{74\text{h}-50\text{h}}{50\text{h}}\cdot 100\right)\% = 48\%$$

$$\left(\tfrac{0,6\text{km}-432\text{m}}{432\text{m}}\cdot 100\right)\% = \left(\tfrac{600\text{m}-432\text{m}}{432\text{m}}\cdot 100\right)\% = 38,\overline{8}\%$$

$$\left(\tfrac{1\text{g}-6,4\text{mg}}{6,4\text{mg}}\cdot 100\right)\% = \left(\tfrac{1000\text{mg}-6,4\text{mg}}{6,4\text{mg}}\cdot 100\right)\% = 15525\%$$

3. Baum: $2\,\text{m}\cdot 1,01^{10} \approx 2,209\,\text{m}$
   Strauch: $2\,\text{m} + 10\cdot 2\,\text{m}\cdot 0,01 \approx 2,2\,\text{m}$
   Am 1. März 2014 ist der Baum um 9 mm höher als der Strauch.

4.   a)   Um wie viel wird der Armreif am Anfang nächsten Jahres teurer?   124 € · 0,085 = 10,54 €
       Wie viel kostet der Armreif am Anfang nächsten Jahres?   124 € · 1,085 = 134,54 €

     b)   Um welchen Betrag stieg 1 l Diesel?
       102,9 c − 98,9 c = 4 c
       Um welchen Prozentsatz stieg 1 l Diesel?
       4 c : 98,9 c ≈ 0,0404 = 4,04%

     c)   Wie groß ist Paul heute?   162 cm + 4 cm = 166 cm
       Um wie viel Prozent ist Paul gewachsen?
       4 cm : 162 cm ≈ 0,0247 = 2,47%

     d)   Um wie viel Prozent wurde jede Pizzasorte teurer?
       Mozarella: $1\,\text{€} : 4,50\,\text{€} = 0,\overline{2} = 22,\overline{2}\%$
       Siciliano: 1 € : 5,60 € ≈ 0,1786 = 17,86%
       Um wie viel Prozent wurden beide Pizzasorten zusammen teurer?   2 € : 10,10 € ≈ 0,1980 = 19,8%

     e)   Um wie viel wurde Julias Meerschweinchen schwerer?
       695 g − 575 g = 120 g

Um welchen Prozentsatz wurde Julias Meerschweinchen
schwerer?   120 g : 575 g ≈ 0,2087 = 20,87%

5.　a)　$\left(\frac{25-12}{12}\cdot 100\right)\% = \left(\frac{13}{12}\cdot 100\right)\% = 108\frac{1}{3}\%$

　　b)　$\left(\frac{35-22}{22}\cdot 100\right)\% = \left(\frac{13}{22}\cdot 100\right)\% = 59,\overline{09}\%$

　　c)　$\left(\frac{45-32}{32}\cdot 100\right)\% = \left(\frac{13}{32}\cdot 100\right)\% = 40,625\%$

　　d)　$\left(\frac{55-42}{42}\cdot 100\right)\% = \left(\frac{13}{42}\cdot 100\right)\% \approx 30,95\%$

　　e)　Die prozentualen Altersunterschiede werden immer kleiner.

6.　a)　23,4 m² · $\left(1-\frac{35}{100}\right)$ = 23,4 m² · 0,65 = 15,21 m²

　　b)　346,2 ha · $\left(1-\frac{831}{1000}\right)$ = 346,2 ha · 0,169 = 58,5078 ha

　　c)　40,16 € · $\left(1-\frac{33}{1000}\right)$ = 40,16 € · 0,967 ≈ 38,83 €

　　d)　543 t · $\left(1-\frac{12}{10000}\right)$ = 543 t · 0,9988 = 542,3484 t

7.　a)　$\left(\frac{3,2a}{43a}\cdot 100\right)\% \approx 7,44\%$

　　　　$\left(\frac{567\,\text{mm}^2}{68,1\,\text{cm}^2}\cdot 100\right)\% = \left(\frac{567\,\text{mm}^2}{6810\,\text{mm}^2}\cdot 100\right)\% \approx 8,33\%$

　　　　$\left(\frac{98c}{34,56€}\cdot 100\right)\% = \left(\frac{98c}{3456c}\cdot 100\right)\% \approx 2,84\%$

　　　　$\left(\frac{63s}{4\frac{2}{3}\text{min}}\cdot 100\right)\% = \left(\frac{63s}{280s}\cdot 100\right)\% = 22,5\%$

　　　　$\left(\frac{1423g}{54\,\text{kg}}\cdot 100\right)\% = \left(\frac{1423g}{54000g}\cdot 100\right)\% \approx 2,64\%$

　　　　$\left(\frac{12\,\text{dm}}{8,9\,\text{m}}\cdot 100\right)\% = \left(\frac{12\,\text{dm}}{89\,\text{dm}}\cdot 100\right)\% \approx 13,48\%$

　　b)　$\left(\frac{3d-11,5h}{3d}\cdot 100\right)\% = \left(\frac{72h-11,5h}{72h}\cdot 100\right)\% \approx 84,03\%$

　　　　$\left(\frac{7,25g-914\,\text{mg}}{7,25g}\cdot 100\right)\% = \left(\frac{7250\,\text{mg}-914\,\text{mg}}{7250\,\text{mg}}\cdot 100\right)\% \approx 87,39\%$

　　　　$\left(\frac{1,24€-99c}{1,24c}\cdot 100\right)\% = \left(\frac{124c-99c}{124c}\cdot 100\right)\% \approx 20,16\%$

　　　　$\left(\frac{41\text{min}-886s}{41\text{min}}\cdot 100\right)\% = \left(\frac{2460s-886s}{2460s}\cdot 100\right)\% \approx 63,98\%$

　　　　$\left(\frac{43,2\,\text{cm}-3,7\,\text{dm}}{43,2\,\text{cm}}\cdot 100\right)\% = \left(\frac{43,2\,\text{cm}-37\,\text{cm}}{43,2\,\text{cm}}\cdot 100\right)\% \approx 14,35\%$

　　　　$\left(\frac{2,3t-23\,\text{kg}}{2,3t}\cdot 100\right)\% = \left(\frac{2300\,\text{kg}-23\,\text{kg}}{2300\,\text{kg}}\cdot 100\right)\% = 99\%$

8.　Geschwindigkeit von Fahrzeug A nach 5 Sekunden:
　　50 km/h · $0,5^5$ = 1,5625 km/h = 1562 m/s

Geschwindigkeit von Fahrzeug B nach 5 Sekunden:
50 km/h · 0,4⁵ = 0,512 km/h = 512 m/s

9.   a)   Um wie viel wird die Schlangengurke billiger?
0,99 € · 0,125 = 0,12 €
Wie viel kostet die Schlangengurke nach der Preissenkung?
0,99 € · 0,875 = 0,87 €

          b)   Um wie viel sank der Pegelstand?
9,98 m – 7,32 m = 2,66 m
Um welchen Prozentsatz sank der Pegelstand?
2,66 m : 9,98 m ≈ 0,2665 = 26,65%

          c)   Wie viel Taschengeld hat Hakan nach dem Kauf der CD?
18 € – 4,99 € = 13,01 €
Um wie viel Prozent hat sich Hakans Taschengeld vermindert?
4,99 € : 18 € = $27,\overline{72}\%$

          d)   Um wie viel Prozent hat jedes Kind abgenommen?
Caroline: 2 kg : 45 kg = $0,0\overline{4} = 4,\overline{4}\%$

Dennis: 2 kg : 50 kg = 0,04 = 4%
Um wie viel Prozent haben beide Kinder zusammen
abgenommen? 4 kg : 95 kg ≈ 0,0421 = 4,21%

10.   a) $\left(\frac{20}{32} \cdot 100\right)\% = 62,5\%$ b) $\left(\frac{20}{42} \cdot 100\right)\% \approx 47,6\%$

        c) $\left(\frac{20}{52} \cdot 100\right)\% \approx 38,46\%$ d) $\left(\frac{20}{62} \cdot 100\right)\% \approx 32,62\%$

        e)   Die prozentualen Altersunterschiede werden immer kleiner.

11.   a)   43,2 m³ · 1,11 · 1,08 = 51,78816 m³
        b)   2,64 € · 0,75 · 0,5 = 0,99 €
        c)   7,6 hl · 1,048 · 0,961 = 7,6541728 hl
        d)   345,6 km · 0,838 · 1,671 = 483,9429888 km

12.   a)   760 € · 1,12² ≈ 953,34 €   (760 € · 1,12⁴ ≈ 1195,87 €)
        b)   760 € · 0,88² ≈ 588,54 €   (760 € · 0,88⁴ ≈ 455,77 €)

13.   121,50 € · 0,9 · 1,19 · 0,98 ≈ 127,52 €
284 € · 0,85 · 1,19 · 0,975 ≈ 280,08 €
359,42 € · 0,8 · 1,19 · 0,97 ≈ 331,90 €
4989 € · 0,75 · 1,19 · 0,975 ≈ 4341,37 €
87,65 € · 0,7 · 1,19 · 0,98 ≈ 71,55 €
57000 € · 0,65 · 1,19 · 0,985 ≈ 43428,16 €

14.   18 km/h · 1,1 · 1,15 · 0,92 · 0,95 · 1,2 · 0,85 ≈ 20,30 km/h

15.   a) $\frac{1,20€ - 96c}{1,20€} = \frac{120c - 96c}{120c} = \frac{24c}{120c} = 0,2 = 20\%$

b) $\dfrac{0,00244t-1,80kg}{0,00244t} = \dfrac{2440g-1800g}{2440g} = \dfrac{640g}{2440g} \approx 0,2623 = 26,23\%$

c) 60 € · 1,19 = 71,40 €   d)   800 € · 0,85 = 680 €

16. a) $\dfrac{522€-98€}{522€} = \dfrac{424€}{522€} \approx 0,8123 = 81,23\%$ weniger

   $\dfrac{522€-271€}{522€} = \dfrac{251€}{522€} \approx 0,4808 = 48,08\%$ weniger

   $\dfrac{635€-522€}{522€} = \dfrac{113€}{522€} \approx 0,2165 = 21,65\%$ mehr

   $\dfrac{3749€-522€}{522€} = \dfrac{3227€}{522€} \approx 6,1820 = 618,20\%$ mehr

   b) $\dfrac{23dm-0,00168km}{0,00168km} = \dfrac{230cm-168cm}{168cm} = \dfrac{62cm}{168cm} \approx 0,3690 = 36,90\%$ länger

   $\dfrac{2,15m-0,00168km}{0,00168km} = \dfrac{215cm-168cm}{168cm} = \dfrac{47cm}{168cm} \approx 0,2798 = 27,98\%$ länger

   $\dfrac{0,00168km-12cm}{0,00168km} = \dfrac{168cm-12cm}{168cm} = \dfrac{156cm}{168cm} \approx 0,9286 = 92,86\%$ kürzer

   $\dfrac{0,00168km-34mm}{0,00168km} = \dfrac{1680mm-34mm}{1680mm} = \dfrac{1646mm}{1680mm} \approx 0,9798 = 97,98\%$ kürzer

   c) $\dfrac{0,005t-2,4kg}{2,4kg} = \dfrac{5000g-2400g}{2400g} = \dfrac{2600g}{2400g} = 1,08\overline{3} = 108\tfrac{1}{3}\%$ schwerer

   $\dfrac{4,877kg-2,4kg}{2,4kg} = \dfrac{4877g-2400g}{2400g} = \dfrac{2477g}{2400g} \approx 1,0321 = 103,21\%$ schwerer

   $\dfrac{2,4kg-931g}{2,4kg} = \dfrac{2400g-931g}{2400g} = \dfrac{1469g}{2400g} \approx 0,6121 = 61,21\%$ leichter

   $\dfrac{2,4kg-654321mg}{2,4kg} = \dfrac{2400000mg-654321mg}{2400000mg} = \dfrac{1745679mg}{2400000mg} \approx 0,7274 = 72,74\%$

   leichter

   d) $\dfrac{\frac{1}{2}h-490s}{\frac{1}{2}h} = \dfrac{1800s-490s}{1800s} = \dfrac{1310s}{1800s} \approx 0,7278 = 72,78\%$ kürzer

   $\dfrac{\frac{1}{2}h-15min}{\frac{1}{2}h} = \dfrac{30min-15min}{30min} = \dfrac{15min}{30min} = 0,5 = 50\%$ kürzer

   $\dfrac{\frac{3}{4}h-\frac{1}{2}h}{\frac{1}{2}h} = \dfrac{\frac{1}{4}h}{\frac{1}{2}h} = \dfrac{1}{2} = 50\%$ länger

   $\dfrac{\frac{1}{6}d-\frac{1}{2}h}{\frac{1}{2}h} = \dfrac{240min-30min}{30min} = \dfrac{210min}{30min} = 7 = 700\%$ länger

17. a) 12100 € · 1,1 = 13310 €

   b) 2149 € · 0,55 = 1181,95 €   (10999,90 € · 0,55 ≈ 6049,95 €)

   c) $\dfrac{64300-56800}{64300} = \dfrac{7500}{64300} = 0,1166 = 11,66\%$

18. a) Um welchen Betrag wird die Digitalkamera billiger?
   399 € – 159 € = 240 €
   Um welchen Prozentsatz wird die Digitalkamera billiger?
   240 € : 399 € ≈ 60,15%

   b) Um welchen Betrag wird die Münze teurer?
   855 € – 735 € = 120 €
   Um welchen Prozentsatz wird die Münze teurer?
   120 € : 735 € ≈ 16,33%

19. Früheres Taschengeld: 1,61 € : 11,5% = 14 €
    Jetziges Taschengeld: 14 € + 1,61 € = 15,61 €

20. a)   79 € · 1,08 = 85,32 €
    b)   85,32 € · 0,92 ≈ 78,49 €
    c)   Der Pullover ist trotz gleicher Prozentsätze um 0,51 € billiger
          als vor der Erhöhung.

21. a)   2150 € · 1,02 · 1,03 · 1,04 · 1,05 · 1,06 ≈ 2614,59 €
    b)   (2614,59 € – 2150 €) : 2150 € ≈ 0,2161 = 21,61%

22. Geschäft A: (900 € · 1,19) · 0,8 = 856,80 €
    Geschäft B: (990 € · 0,85) · 0,98 = 824,67 €
    Das Rad ist im Geschäft B um 10,53 € billiger.

23. a)   (142 € : 0,88) : 1,09 ≈ 148,04 €
    b)   (148,04 € – 142 €) : 148,04 € = 6,04 € : 148,04 €
          ≈ 0,0408 = 4,08%. Jetzt ist das Kleid um 4,08% billiger.
    c)   (148,04 € – 142 €) : 142 € = 6,04 € : 142 € ≈ 0,0425 = 4,25%.
          Vorher war das Kleid um 4,25% teurer.

24. Volumen von A: 8^3 cm³ = 512 cm³
    Volumen von B: (8 · 1,15)³ cm³ = $9,2^3$ cm³ = 778,688 cm³
    Oberfläche von A: 6 · 8^2 cm² = 384 cm²
    Oberfläche von B: 6 · (8 · 1,15)² cm² = 6 · $9,2^2$ cm² = 507,84 cm²

    a)   (778,688 cm³ – 512 cm³) : 512 cm³ = 266,688 cm³ : 512 cm³
          = 0,520875 = 52,0875%
    b)   (778,688 cm³ – 512 cm³) : 778,688 cm³
          = 266,688 cm³ : 778,688 cm³ ≈ 0,3425 = 34,25%
    c)   (507,84 cm² – 384 cm²) : 384 cm² = 123,84 cm² : 384 cm²
          = 0,3225 = 32,25%
    d)   (507,84 cm² – 384 cm²) : 507,84 cm²
          = 123,84 cm² : 507,84 cm² ≈ 0,2439 = 24,39%

C   Grundbegriffe der Zinsrechnung

1. a) $\frac{15,25}{610} = 0,025 = 2,5\%$ b) $\frac{137}{1712,50} = 0,08 = 8\%$

   c) $\frac{0,48}{12} = 0,04 = 4\%$ d) $\frac{0,47}{9,40} = 0,05 = 5\%$

2. a) $2,7\% = \frac{2,7}{100} = \frac{27}{1000}$

b) $\quad 0,55\% = \frac{0,55}{100} = \frac{55}{10000} = \frac{11}{2000}$

c) $\quad 6\frac{3}{4}\% = \frac{6,75}{100} = \frac{675}{10000} = \frac{27}{400}$

d) $\quad 0,023\% = \frac{0,023}{100} = \frac{23}{100000}$

e) $\quad 5,85\% \, 5,85\% = \frac{5,85}{100} = \frac{585}{10000} = \frac{117}{2000}$

f) $\quad 1,45\% \, 1,45\% = \frac{1,45}{100} = \frac{145}{10000} = \frac{29}{2000}$

3. Jede Person muss jährlich 2160 € : 6 = 360 € Zinsen zahlen, das entspricht $\frac{360}{36000} = 0,01 = 1\%$ der Darlehenssumme. Nur Frau Hartwig hat Recht.

4. a)

Name des Freundes	Darlehen	Zinsen	Bruchanteil	Dezimaler Anteil	Zinssatz
Ahmed	80 €	2 €	$\frac{1}{40}$	0,025	2,5%
Bodo	60 €	1,45 €	$\frac{29}{1200}$	$0,024\overline{16}$	$2,4\overline{16}\%$
Christian	90 €	2,10 €	$\frac{7}{300}$	$0,02\overline{3}$	$2,\overline{3}\%$
David	30 €	0,90 €	$\frac{3}{100}$	0,03	3%
Edi	85 €	2,04 €	$\frac{3}{125}$	0,024	2,4%
Florian	65 €	1,82 €	$\frac{7}{250}$	0,028	2,8%
Gerrit	40 €	75 c	$\frac{3}{160}$	0,01875	1,875%
Holger	50 €	85 c	$\frac{17}{1000}$	0,017	1,7%

b) Dogan könnte sich von seinen Freunden insgesamt 500 € leihen, für die er insgesamt 11,91 € Zinsen zahlen müsste. Dies würde einem Zinssatz von $\frac{11,91}{500} = 0,02382 = 2,382\%$ entsprechen. Das Angebot der Eltern beträgt 2% und ist damit günstiger.

5. a) 940 € · 8% = 940 € · 0,08 = 75,20 €
   b) 456 € · 12,3% = 456 € · 0,123 ≈ 56,09 €
   c) 38,30 € · 4% = 38,30 € · 0,04 ≈ 1,53 €
   d) 2954,73 € · 5,5% = 2954,73 € · 0,055 ≈ 162,51 €
   e) 27,50 € · 0,75% = 27,50 € · 0,0075 ≈ 0,21 €
   f) 44 € · 0,9% = 44 € · 0,009 ≈ 0,40 €

6.

p% / K	84 €	8,65 €	54,09 €	0,73 €	1278 €	99 c
7,5%	6,30 €	0,65 €	4,06 €	0,05 €	95,85 €	0,07 €
11,2%	9,41 €	0,97 €	6,06 €	0,08 €	143,14 €	0,11 €
0,8%	0,67 €	0,07 €	0,43 €	0,01 €	10,22 €	0,01 €
4,75%	3,99 €	0,41 €	2,57 €	0,03 €	60,71 €	0,05 €
2,25%	1,89 €	0,19 €	1,22 €	0,02 €	28,76 €	0,02 €
0,55%	0,46 €	0,05 €	0,30 €	0,00 €	7,03 €	0,01 €

7. $7500 \cdot 3\% = 7500 \cdot 0,03 = 225$ stimmt
$225 \cdot 3\% = 225 \cdot 0,03 = 6,75$ stimmt
$0,9 \cdot 3\% = 0,9 \cdot 0,03 \approx 0,03 \neq 0,05$ stimmt nicht
$0,105 \cdot 3\% = 0,105 \cdot 0,03 \approx 0,00 \neq 0,01$ stimmt nicht
$37500 \cdot 3\% = 37500 \cdot 0,03 = 1225$ stimmt
$15,75 \cdot 3\% = 15,75 \cdot 0,03 \approx 0,47 \neq 0,50$ stimmt nicht

8. $4500 \, € \cdot 4\% + 6000 \, € \cdot 3,75\% = 4500 \, € \cdot 0,04 + 6000 \, € \cdot 0,0375$
$= 180 \, € + 225 \, € = 405 \, €$

9. a)   Altdorfer Vereinsbank:
        $15000 \, € \cdot 7,5\% + 150 \, € = 15000 \, € \cdot 0,075 + 150 \, €$
        $= 1125 \, € + 150 \, € = 1275 \, €$
        Neustädter Sparkasse:
        $15000 \, € \cdot 8\% + 50 \, € = 15000 \, € \cdot 0,08 + 50 \, €$
        $= 1200 \, € + 50 \, € = 1250 \, €$
        Das Angebot der Neustädter Sparkasse ist um 25 € günstiger.

     b)   Schönfelder Kreditanstalt:
        $20000 \, € \cdot 8,5\% + 200 \, € = 20000 \, € \cdot 0,085 + 200 \, €$
        $= 1700 \, € + 200 \, € = 1900 \, €$
        Reichenburger Volksbank:
        $20000 \, € \cdot 9\% = 20000 \, € \cdot 0,09 = 1800 \, €$
        Das Angebot der Reichenburger Volksbank ist um 100 €
        günstiger.

10. Hausbank: $90000 \, € \cdot 6\% = 90000 \, € \cdot 0,06 = 5400 \, €$
Örtliche Sparkasse: $60000 \, € \cdot 5\% + 30000 \, € \cdot 7,75\%$
        $=$ $60000 \, € \cdot 0,05 + 30000 \, € \cdot 0,0775$
        $=$ $3000 \, € + 2325 \, € = 5325 \, €$
Das Angebot der örtlichen Sparkasse ist um 75 € günstiger.

11. a) $2640 \, € : 96000 \, € = 0,0275 = 2,75\%$
     b) $208,95 \, € : 5970 \, € = 0,035 = 3,5\%$
     c) $1,98 \, € : 49,50 \, € = 0,04 = 4\%$
     d) $374,45 \, € : 7489 \, € = 0,05 = 5\%$
     e) $5,19 \, € : 86,50 \, € = 0,06 = 6\%$
     f) $0,04 \, € : 0,80 \, € = 0,05 = 5\%$

12.

Bank	Jahreszinsen	Kreditbetrag	Zinssatz
A	36 €	1800 €	0,02 = 2%
B	420 €	12000 €	0,035 = 3,5%
C	7350 €	147000 €	0,05 = 5%
D	195,50 €	3400 €	0,0575=5,75%
E	46,75 €	1100 €	0,0425=4,25%
F	2708,75 €	98500 €	0,0275=2,75%

$$\frac{36+420+7350+195,50+46,75+2708,75}{1800+12000+147000+3400+1100+98500} = \frac{10757}{263800} \approx 0,0408 = 4,08\%$$ Zinsen

entfallen auf den Gesamtbetrag aller Kredite.

13. Vergleich der Jahreszinssätze:

Anderlandbank: 1487,50 € : 35000 € = 0,0425 = 4,25%

Bonus-Volksbank: (36750 € – 35000 €) : 35000 €
= 1750 € : 35000 € = 0,05 = 5%

Conto-Institut: (12 · 131,25 €) : 35000 € = 1575 € : 35000 €
= 0,045 = 4,5%

Darlehenskasse: ($\frac{2}{35}$ · 35000 € – 360 €) : 35000 €
= 1640 € : 35000 € ≈ 0,0469 = 4,69%

Ehrlicher Vereinsbank: (360 · 4 €) : 35000 € = 1440 € : 35000 €
≈ 0,0411 = 4,11%

Die besten Konditionen bietet die Ehrlicher Vereinsbank.

14.

Darlehen	Gebühr	Zinsen	Gebühr plus Zinsen	Zinssatz ohne Gebühr	Zinssatz mit Gebühr
150000	1%	6000 €	7500 €	4%	5%
160000	1,2%	7000 €	8920 €	4,375%	5,58%
170000	1,4%	8000 €	10380 €	4,71%	6,11%
180000	1,6%	9000 €	11880 €	5%	6,6%
190000	1,8%	10000 €	13420 €	5,26%	7,06%
200000	2%	11000 €	15000 €	5,5%	7,5%

15.
a) 16,38 € : 7% = 16,38 € : 0,07 = 234 €

b) 333,20 € : 9,8% = 333,20 € : 0,098 = 3400 €

c) 4515 € : 0,015% = 4515 € : 0,00015 = 30100000 €

d) 22275 € : $2\frac{3}{4}$ % = 22275 € : 0,0275 = 810000 €

e) 2468 € : $0,\overline{2}$ % = 2468 € : $0,00\overline{2}$ = 1110600 €

g) 43,40 € : $6\frac{1}{5}$ % = 43,40 € : 0,062 = 700 €

16.

p% / Z	0,72 €	93,6 €	1488 €	63,85 €	8 €	228 €
1,5%	48 €	6240 €	99200 €	4256,67 €	533,33 €	15200 €
2,35%	30,64 €	3982,98 €	63319,15 €	2717,02 €	340,43 €	9702,13 €
0,55%	130,91 €	17018,18 €	270545,45 €	11609,09 €	1454,55 €	41454,55 €
5,2%	13,85 €	1800 €	28615,38 €	1227,88 €	153,85 €	4384,62 €
$4\frac{1}{4}$ %	16,94 €	2202,35 €	35011,76 €	1502,35 €	188,24 €	5364,71 €
$3,\overline{3}$ %	21,60 €	2808 €	44640 €	1915,50 €	240 €	6840 €

17.   318,75 € : 12,5% = 318,75 € : 0,125 = 2550 € ≠ 25500 € stimmt nicht
2091 € : 8,2% = 2091 € : 0,082 = 25500 €   stimmt
446,25 € : 1,75% = 446,25 € : 0,0175 = 25500 €   stimmt
63,75 € : 0,25% = 63,75 € : 0,0025 = 25500 €   stimmt
1020 € : 4% = 1020 € : 0,04 = 25500 €   stimmt
255 € : 1% = 255 € : 0,01 = 25500 €   stimmt

18.   a)   382,95 € : 1,035 = 370 €
b)   62,10 € : 1,035 = 60 €
c)   2,07 € : 1,035 = 2 €

19.   a)   394,25 € : 4,15% + 347,60 € : 3,95% + 324,95 € : 4,85%
= 394,25 € : 0,0415 + 347,60 € : 0,0395 + 324,95 € : 0,0485
= 9500 € + 8800 € + 6700 € = 25000 €
b)   25000 € + 394,25 € + 347,60 € + 324,95 € = 26066,80 €

20.   a)

Name	Zinsen	Zinssatz	Kapital
Alex	200 €	4%	5000 €
Benno	400 €	2%	20000 €

Conrad und Darek haben beide Unrecht, da Benno viermal so viel Geld wie Alex angelegt hat.

c)   Wenn sich die Zinssätze halbieren, (dritteln, vierteln, usw.) und sich die Zinsen gleichzeitig entsprechend verdoppeln, (verdreifachen, vervierfachen, usw.), vervierfacht, verneunfacht, versechzehnfacht sich das Kapital.

21.

	a)	b)	c)	d)	e)	f)
Jahreszinsen	303,75 €	110,25 €	21 €	21,45 €	2,79 €	4248,75 €
Zinssatz	2,25%	4,5%	3,75%	5,5%	6,2 %	8,25%
Kapital	13500 €	2450 €	560 €	390 €	45 €	51500 €

22.   a)   Gesucht ist der Zinssatz:
270,90 € : 7525 € = 0,036 = 3,6%

       b)   Gesucht sind die Jahreszinsen:
62500 € · 4,8% = 62500 € · 0,048 = 3000 €

       d)   Gesucht ist das Kapital:
3307,50 € : 5,25% = 3307,50 € : 0,0525 = 63000 €

       d)   Gesucht ist der Zinssatz:
1,86 € : 124 € = 0,015 = 1,5%

23.   110500 € · 4,25% + 350 € = 110500 € · 0,0425 + 350 € = 5046,25 €
(85000 € · 4,75%) · 1,06 = (85000 € · 0,0475) · 1,06 = 4279,75 €
34500 € · 5,25% = 34500 € · 0,0525 = 1811,25 €

24.   a)   ohne Bearbeitungsgebühr:
9500 € · 7,6% = 9500 € · 0,076 = 722 €

       b)   mit Bearbeitungsgebühr:
(9500 € · 7,6%) · 1,015 = (9500 € · 0,076) · 1,015 = 732,83 €

25.   a)   15500 € · 4,4% = 15500 € · 0,044 = 682 €

       b)   682 € · 2,5% = 682 € · 0,025 = 17,05 €

       c)   (2 € · 12) : 15500 € = 24 € : 15500 € ≈ 0,0015 = 0,15 %

       d)   (2 € · 12) : 682 € = 24 € : 682 € ≈ 0,0352 = 3,52 %

       e)   682 € + 17,05 € − 24 € = 675,05 €

       f)   675,05 € : 15500 € ≈ 0,0436 = 4,36 €

26.   a)   5% + 1% = 6%   b)   5,5% · 1,1 = 6,05%

       c)   (25000 € · 6% + 200 €) : 25000 € = 1700 € : 25000 € = 6,8%

       d)   (6,5% + 0,5%) · 1,05 = 7% · 1,05 = 7,35%

       e)   [25000 € · (7% + 0,25%) + 150 €] : 25000 € = 7,85%

       f)   (25000 € · 7,5% ·1,02 + 100 €) : 25000 € = 8,05%

       g)   [25000 € · (8% + 0,1%) ·1,01 + 50 €] : 25000 € ≈ 8,38%

D Unterjährige Verzinsung

1.   a) $820 € · 6% · \frac{1}{12} = 49,2 € · \frac{1}{12} = 4,10 €$

b) $\quad 345 \text{ €} \cdot 8,4\% \cdot \frac{4}{12} = 28,98 \text{ €} \cdot \frac{4}{12} = 9,66 \text{ €}$

c) $\quad 49,55 \text{ €} \cdot 2\% \cdot \frac{7}{12} \approx 0,99 \text{ €} \cdot \frac{7}{12} \approx 0,58 \text{ €}$

d) $\quad 1843,62 \text{ €} \cdot 6,6\% \cdot \frac{11}{12} \approx 121,68 \text{ €} \cdot \frac{11}{12} = 111,54 \text{ €}$

2.

p% / k	1	3	5	6	8	9
7,2%	43,56 €	130,68 €	217,80 €	261,36 €	348,48 €	392,04 €
12,6%	76,23 €	228,69 €	381,15 €	457,38 €	609,84 €	686,07 €
9%	54,45 €	163,35 €	272,25 €	326,70 €	435,60 €	490,05 €
0,9%	5,45 €	16,34 €	27,23 €	32,67 €	43,56 €	49,01 €
0,09%	0,54 €	1,63 €	2,72 €	3,27 €	4,36 €	4,90 €
6,48%	39,20 €	117,61 €	196,02 €	235,22 €	313,63 €	352,84 €
1,75%	10,59 €	31,76 €	52,94 €	63,53 €	84,70 €	95,29 €
0,84%	5,08 €	15,25 €	25,41 €	30,49 €	40,66 €	45,74 €

3. $\quad 9000 \text{ €} \cdot 4\% \cdot \frac{2}{12} = 9000 \text{ €} \cdot 0,04 \cdot \frac{1}{6} = 60 \text{ €} \qquad$ stimmt

$270 \text{ €} \cdot 4\% \cdot \frac{3}{12} = 270 \text{ €} \cdot 0,04 \cdot \frac{1}{4} = 2,70 \text{ €} \qquad$ stimmt

$0,72 \text{ €} \cdot 4\% \cdot \frac{4}{12} = 0,72 \text{ €} \cdot 0,04 \cdot \frac{1}{3} \approx 0,01 \text{ €} \neq 0,02 \text{ €} \qquad$ stimmt nicht

$0,13 \text{ €} \cdot 4\% \cdot \frac{7}{12} = 0,13 \text{ €} \cdot 0,04 \cdot \frac{7}{12} \approx 0,00 \text{ €} \neq 0,03 \text{ €} \qquad$ stimmt nicht

$45000 \text{ €} \cdot 4\% \cdot \frac{10}{12} = 45000 \text{ €} \cdot 0,04 \cdot \frac{5}{6} = 1500 \text{ €} \qquad$ stimmt

$18,90 \text{ €} \cdot 4\% \cdot \frac{11}{12} = 18,90 \text{ €} \cdot 0,04 \cdot \frac{11}{12} \approx 0,69 \text{ €} \neq 0,77 \text{ €}$ stimmt nicht

4. Verfügbarer Betrag für Herrn Wesseling nach der letzten Auszahlung:
$5400 \text{ €} + 5400 \text{ €} \cdot 6,4\% \cdot \frac{7}{12} - (12 - 7) \cdot 1,20 \text{ €}$

$= 5400 \text{ €} + 5400 \text{ €} \cdot 0,064 \cdot \frac{7}{12} - 5 \cdot 1,20 \text{ €} = 5595,60 \text{ €}$

Verfügbarer Betrag für Frau Wesseling nach der letzten Auszahlung:
$7200 \text{ €} + 7200 \text{ €} \cdot 5,8\% \cdot \frac{11}{12} - (12 - 11) \cdot 1,20 \text{ €}$

$= 7200 \text{ €} + 7200 \text{ €} \cdot 0,058 \cdot \frac{11}{12} - 1 \cdot 1,20 \text{ €} = 7581,60 \text{ €}$

Nach der letzten Auszahlung kann Familie Wesseling über insgesamt
$5595,60 \text{ €} + 7581,60 \text{ €} = 13177,20 \text{ €}$ verfügen.

5. a) $\quad 984 \text{ €} \cdot 7\% \cdot \frac{72}{360} \approx 13,78 \text{ €}$

b) $414\,€ \cdot 12,6\% \cdot \frac{343}{360} \approx 49,70\,€$

c) $59,46\,€ \cdot 3\% \cdot \frac{83}{360} \approx 0,41\,€$

d) $2954,77\,€ \cdot 5,9\% \cdot \frac{341}{360} \approx 165,13\,€$

6.

p% / t	11 Tage	4 Monate 3 Tage	265 Tage	9 Monate 26 Tage	333 Tage	3 Monate 3 Tage
6,3%	11,84 €	132,38 €	285,21 €	318,57 €	358,39 €	100,09 €
11,7%	21,99 €	245,85 €	529,67 €	591,63 €	665,58 €	185,88 €
8%	15,03 €	168,10 €	362,17 €	404,53 €	455,10 €	127,10 €
0,6%	1,13 €	12,61 €	27,16 €	30,34 €	34,13 €	9,53 €
0,06%	0,11 €	1,26 €	2,72 €	3,03 €	3,41 €	0,95 €
9,54%	17,93 €	200,46 €	431,88 €	482,41 €	542,71 €	151,57 €
2,25%	4,23 €	47,28 €	101,86 €	113,78 €	128,00 €	35,75 €
0,93%	1,75 €	19,54 €	42,10 €	47,03 €	52,91 €	14,78 €

7. $8000\,€ \cdot 3\% \cdot \frac{1}{360} = 8000\,€ \cdot 0,03 \cdot \frac{1}{360} \approx 0,67\,€ \neq 0,60\,€$ stimmt nicht

$360\,€ \cdot 3\% \cdot \frac{70}{360} = 360\,€ \cdot 0,03 \cdot \frac{7}{36} = 2,10\,€$ stimmt

$0,63\,€ \cdot 3\% \cdot \frac{199}{360} = 0,63\,€ \cdot 0,03 \cdot \frac{199}{360} \approx 0,01\,€ \neq 0,05\,€$ stimmt nicht

$0,24\,€ \cdot 3\% \cdot \frac{258}{360} = 0,24\,€ \cdot 0,03 \cdot \frac{258}{360} \approx 0,01\,€ \neq 0,12\,€$ stimmt nicht

$54000\,€ \cdot 3\% \cdot \frac{111}{360} = 54000\,€ \cdot 0,03 \cdot \frac{37}{120} = 499,50\,€$ stimmt

$27,60\,€ \cdot 3\% \cdot \frac{341}{360} = 27,60\,€ \cdot 0,03 \cdot \frac{341}{360} = 0,78\,€ \neq 0,55\,€$ stimmt nicht

8. $120\,€ \cdot 10,5\% \cdot \frac{8}{360} + 235\,€ \cdot 10,5\% \cdot \frac{22}{360} + 444\,€ \cdot 10,5\% \cdot \frac{17}{360}$
$= 0,28\,€ + 1,51\,€ + 2,20\,€ = 3,99\,€$
Herr Lehmann muss 3,99 € Überziehungszinsen zahlen.

9. Nach Skontoabzug zu zahlen: $780\,€ \cdot 98,8\% = 770,64\,€$
Nach Abzug von Tagesgeldzinsen zu zahlen:
$780\,€ - 780\,€ \cdot 3\% \cdot \frac{28}{360} = 780\,€ - 1,82\,€ = 778,18\,€$
Die Zahlungsweise mit Skontoabzug ist um 7,54 € günstiger.

10. a) $(8\,€ : 16000\,€) \cdot (360 : 9) = 0,0005 \cdot 40 = 0,02 = 2\%$
b) $(15,5\,€ : 6200\,€) \cdot (360 : 24) = 0,0025 \cdot 15 = 0,0375 = 3,75\%$
c) $(42,6\,€ : 3408\,€) \cdot (360 : 100) = 0,0125 \cdot 3,6 = 0,045 = 4,5\%$

d) $(6,6 \, € : 3960 \, €) \cdot (360 : 36) = 0,001\overline{6} \cdot 10 = 0,01\overline{6} = 1,\overline{6}\%$

11. $(23,75 \, € : 9500 \, €) \cdot (360 : 45) = 0,0025 \cdot 8 = 0,02 = 2\%$

    $(33,60 \, € : 3600 \, €) \cdot (360 : 81) = \frac{7}{750} \cdot \frac{40}{9} = 0,04\overline{148} = 4,\overline{148}\%$

    $(7,50 \, € : 4500 \, €) \cdot (360 : 20) = \frac{1}{600} \cdot 18 = 0,03 = 3\%$

    $(18 \, € : 720 \, €) \cdot (360 : 200) = 0,025 \cdot 1,8 = 0,045 = 4,5\%$

    $(29,75 \, € : 600 \, €) \cdot (360 : 357) = \frac{119}{2400} \cdot \frac{120}{119} = 0,05 = 5\%$

    $(4,40 \, € : 99 \, €) \cdot (360 : 160) = \frac{2}{45} \cdot \frac{9}{4} = 0,1 = 10\%$

12. a) $(2,35 \, € : 400 \, €) \cdot (360 : 18) = 0,1175 = 11,75\%$

        $(2,35 \, € : 600 \, €) \cdot (360 : 12) = 0,1175 = 11,75\%$

        $(2,35 \, € : 200 \, €) \cdot (360 : 36) = 0,1175 = 11,75\%$

    b)   Die Berechnungen des Geldinstitutes stimmen.

13. a)   Nach Skontoabzug zu zahlen: $2250 \, € \cdot 98\% = 2205 \, €$

        Nach Abzug von Bankzinsen zu zahlen:

        $2250 \, € - 20 \, € = 2230 \, €$

        Die Zahlungsweise mit Skontoabzug ist um 25 € günstiger.

    b) $(20 \, € : 2250 \, €) \cdot (360 : 75) = \frac{2}{225} \cdot \frac{24}{5} = 0,042\overline{6} = 4,2\overline{6}\%$

14.   Bank: $(0,50 \, € : 3000 \, €) \cdot (360 : 2) = 0,03 = 3\%$

  Sparkasse: $(40 \, € : 4000 \, €) \cdot (12 : 3) = 0,04 = 4\%$

  Kreditanstalt: $(0,25 \cdot 360 + 120 \, €) : 6000 \, € = 0,035 = 3,5\%$

  Die Sparkasse bietet den höchsten Zinssatz.

15. a) $[(3225 \, € - 3200 \, €) : 3200 \, €] \cdot (360 : 25) = 0,1125 = 11,25\%$

    b) $[(3225 \, € - 3200 \, €) : 3200 \, €] \cdot (360 : 45) = 0,0625 = 6,25\%$

    c) $[(3225 \, € - 3200 \, €) : 3200 \, €] \cdot (360 : 66) \approx 0,0426 = 4,26\%$

    d) $[(3225 \, € - 3200 \, €) : 3200 \, €] \cdot (360 : 95) \approx 0,0296 = 2,96\%$

16. a) $(800 \, € : 120000 \, €) \cdot (360 : 48) = 0,05 = 5\%$

    b) $(400 \, € : 120000 \, €) \cdot (360 : 24) = 0,05 = 5\%$

    c) $(400 \, € : 60000 \, €) \cdot (360 : 48) = 0,05 = 5\%$

    d) $(800 \, € : 60000 \, €) \cdot (360 : 96) = 0,05 = 5\%$

    e)   Der Jahreszinssatz bleibt unverändert, wenn

       – die Zinsen und die Laufzeit mit derselben Zahl multipliziert oder durch dieselbe Zahl dividiert werden,

       – die Zinsen und das Kapital mit derselben Zahl multipliziert oder durch dieselbe Zahl dividiert werden,

       – das Kapital mit derjenigen Zahl multipliziert wird, durch die die Laufzeit dividiert wird oder umgekehrt.

17. a) $(12 \, € : 4\%) \cdot (360 : 16) = 300 \, € \cdot 22{,}5 = 6750 \, €$

     b) $(23{,}25 \, € : 1{,}5\%) \cdot (360 : 36) = 1550 \, € \cdot 10 = 15500 \, €$

     c) $(0{,}63 \, € : 0{,}75\%) \cdot (360 : 78) = 84 \, € \cdot \frac{60}{13} \approx 387{,}69 \, €$

     d) $(9{,}90 \, € : 5{,}5\%) \cdot (360 : 54) = 180 \, € \cdot \frac{20}{3} = 1200 \, €$

18. $(35{,}55 \, € : 1{,}5\%) \cdot (360 : 81) = 2370 \, € \cdot \frac{40}{9} \approx 10533{,}33 \, €$

     $(50{,}40 \, € : 2\%) \cdot (360 : 109) = 2520 \, € \cdot \frac{360}{109} = 8322{,}94 \, €$

     $(11{,}25 \, € : 2{,}5\%) \cdot (360 : 5) = 450 \, € \cdot 72 = 32400 \, €$

     $(27 \, € : 3\%) \cdot (360 : 300) = 900 \, € \cdot 1{,}2 = 1080 \, €$

     $(43{,}75 \, € : 3{,}5\%) \cdot (360 : 320) = 1250 \, € \cdot 1{,}125 = 1406{,}25 \, €$

     $(6{,}60 \, € : 4\%) \cdot (360 : 220) = 165 \, € \cdot \frac{18}{11} = 270 \, €$

19. $(4 \, € : 10{,}75\%) \cdot (360 : 10) \approx 1339{,}53 \, €$

     $(6 \, € : 10{,}75\%) \cdot (360 : 18) \approx 1116{,}28 \, €$

     $(20 \, € : 10{,}75\%) \cdot (360 : 76) \approx 881{,}27 \, €$

     Herr Lang zahlt zu hohe Überziehungszinsen. Nach den Berechnungen der Bank müsste der Überziehungskredit 3337,08 € statt 3325,77 € betragen.

20.   Verteilung des Lottogewinns:

     Herr Groß: 40%   Übrige Mitspieler jeweils: 60% : 5 = 12%

     Gesamter Lottogewinn der Tippgemeinschaft:

     $(950 \, € : 4{,}75\%) \cdot (360 : 100) \cdot (100 : 12) = 20000 \, € \cdot 30 = 600000 \, €$

21.   Familie Klein: $(200 \, € : 5\%) \cdot 12 = 48000 \, €$

     Familie Hoch: $(550 \, € : 5{,}5\%) \cdot 4 = 40000 \, €$

     Familie Winzig: $(900 \, € : 6\%) \cdot 2 = 30000 \, €$

22. a) $(130 \, € : 3{,}25\%) \cdot (360 : 15) = 96000 \, €$

     b) $(130 \, € : 3{,}25\%) \cdot (360 : 75) = 19200 \, €$

     c) $(130 \, € : 3{,}25\%) \cdot (360 : 96) = 15000 \, €$

     d) $(130 \, € : 3{,}25\%) \cdot (360 : 72) = 20000 \, €$

23. a) $(750 \, € : 6{,}25\%) \cdot (360 : 54) = 80000 \, €$

     b) $(250 \, € : 6{,}25\%) \cdot (360 : 18) = 80000 \, €$

     c) $(150 \, € : 1{,}25\%) \cdot (360 : 54) = 80000 \, €$

     d) $(750 \, € : 1{,}25\%) \cdot (360 : 270) = 80000 \, €$

     e)   Das Kapital bleibt unverändert, wenn
- die Zinsen und die Laufzeit mit derselben Zahl multipliziert oder durch dieselbe Zahl dividiert werden,
- die Zinsen und der Jahreszinssatz mit derselben Zahl multipliziert oder durch dieselbe Zahl dividiert werden,
- der Jahreszinssatz mit derjenigen Zahl multipliziert wird,

durch die die Laufzeit dividiert wird oder umgekehrt.

24. $3500\ € + 3500\ € \cdot 1{,}75\% \cdot \frac{229}{360} \approx 3538{,}96\ €$

25. $2600\ € : 1{,}032 \approx 2519{,}38\ €$

26.   a) $(\ 1800\ € : 11{,}5\%\ ) \cdot \frac{8}{12} = 207\ € \cdot \frac{2}{3} = 138\ €$

           b) $[\ (\ 1998\ € - 1800\ €\ ) : 1800\ €\ ] \cdot (\ 12 : 11\ ) = 0{,}12 = 12\%$

27. $32456\ € : \left(1 + 0{,}085 \cdot \frac{158}{360} \right) \approx 31288{,}76\ €$

28.   a) $12000\ € \cdot 1{,}005^{12} \approx 12000\ € \cdot 1{,}0616778 \approx 12740{,}13\ €$

           b) $1{,}0616778 - 1 = 0{,}0616778 \approx 6{,}17\%$

           c)   Individuelle Lösung.

E   Mehrjährige Verzinsung

1.   a) $9400\ € \cdot 4{,}8\% \cdot 2 = 902{,}40\ €$

           b) $456000\ € \cdot 9{,}5\% \cdot 5 = 216600\ €$

           c) $51{,}67\ € \cdot 5\% \cdot 8 \approx 20{,}67\ €$

           d) $2954{,}73\ € \cdot 7{,}7\% \cdot 12 \approx 2730{,}17\ €$

2.

p% / k	2	4	6	8	9	12
6,1%	1021,14 €	2042,28 €	3063,42 €	4084,56 €	4595,13 €	6126,84 €
11,7%	1958,58 €	3917,16 €	5875,74 €	7834,32 €	8813,61 €	11751,48 €
8%	1339,20 €	2678,40 €	4017,60 €	5356,80 €	6026,40 €	8035,20 €
0,8%	133,92 €	267,84 €	401,76 €	535,68 €	602,64 €	803,52 €
0,08%	13,39 €	26,78 €	40,18 €	53,57 €	60,26 €	80,35 €
7,59%	1270,57 €	2541,13 €	3811,70 €	5082,26 €	5717,55 €	7623,40 €
2,25%	376,65 €	753,30 €	1129,95 €	1506,60 €	1694,93 €	2259,90 €
0,95%	159,03 €	318,06 €	477,09 €	636,12 €	715,64 €	954,18 €

3. $12600\ € \cdot 5\% \cdot 3 = 12600\ € \cdot 0{,}05 \cdot 3 = 1890\ €$ stimmt

378 € · 5% · 4 = 378 € · 0,05 · 4 = 75,60 €   stimmt
0,64 € · 5% · 5 = 0,64 € · 0,05 · 5 = 0,16 €   stimmt
0,17 € · 5% · 8 = 0,17 € · 0,05 · 8 ≈ 0,07 € ≠ 0,12 €   stimmt nicht
56000 € · 5% · 11 = 56000 € · 0,05 · 11 = 30800 €   stimmt
26,40 € · 5% · 12 = 26,40 € · 0,05 · 12 = 15,84 €   stimmt

4.   a)   350 € · 4,25% · 5 ≈ 74,38 €
        b)   145000 € · 9,8% · 12 = 170520 €

5.   Gesamtzinsen Variante 1:
        85000 € · 10,5% · 4 + 625 € = 85000 € · 0,105 · 4 + 625 € = 36325 €
        Gesamtzinsen Variante 2:
        85000 € · 11% · 4 = 85000 € · 0,11 · 4 = 37400 €

6.   a)   1800 € : (6,75% · 11) = 1800 € : 0,7425 ≈ 2424,24 €
        b)   3436,25 € : (5,95% · 7) = 3436,25 € : 0,4165 ≈ 8250,30 €
        c)   74,81 € : (4,72% · 5) = 74,81 € : 0,236 ≈ 316,99 €
        d)   9,90 € : (7,05% · 14) = 9,90 € : 0,987 ≈ 10,03 €

7.   106,65 € : (2,5% · 2) = 106,65 € : 0,05 = 2133 €
        201,60 € : (3% · 3) = 201,60 € : 0,09 = 2240 €
        56,25 € : (3,5% · 4) = 56,25 € : 0,14 ≈ 401,79 €
        162 € : (4% · 5) = 162 € : 0,2 = 810 €
        311,85 € : (4,5% · 6) = 311,85 € : 0,27 = 1155 €
        52,80 € : (5% · 7) = 52,80 € : 0,35 ≈ 150,86 €

8.   Angebot 1:   923 € : (3,25% · 2) = 923 € : 0,065 ≈ 14200 €
        Angebot 2:   1404 € : (3,25% · 3) = 1404 € : 0,0975 ≈ 14400 €
        Angebot 3:   2340 € : (3,25% · 5) = 2340 € : 0,1625 ≈ 14400 €
        Frau Konrad möchte 14400 € anlegen. Dann kann das Angebot 1 nicht
        stimmen, da der Anlagebetrag stets gleich sein müsste.

9.   Aufteilung der Erbschaft:
        Jedes Elternteil: 18%   Jedes Kind: 64% : 4 = 16%
        Kapital des ältesten Sohnes:
        4680 € : (3,9% · 6) = 4680 € : 0,234 ≈ 20000 €
        Gesamterbschaft der Familie: 20000 € : 16% = 125000 €

10.   Firma Holzmann: 2400 € : 6% = 2400 € : 0,06 = 40000 €
        Firma Eisenhaupt: 6500 € : (6,25% · 2) = 6500 € : 0,125 = 52000 €
        Firma Kleingut: 10500 € : (7% · 3) = 10500 € : 0,21 = 50000 €

11.   a)   5250 € : (8,75% · 2) = 5250 € : 0,175 = 30000 €
        b)   5250 € : (8,75% · 3) = 5250 € : 0,2625 = 20000 €
        c)   5250 € : (8,75% · 4) = 5250 € : 0,35 = 15000 €
        d)   5250 € : (8,75% · 5) = 5250 € : 0,4375 = 12000 €

12. a) 3564 € : (4,95% · 12) = 3564 € : 0,594 = 6000 €
    b) 1782 € : (4,95% · 6) = 1782 € : 0,297 = 6000 €
    c) 7128 € : (9,9% · 12) = 7128 € : 1,188 = 6000 €
    d) 3564 € : (9,9% · 6) = 3564 € : 0,594 = 6000 €
    e) Das Kapital bleibt unverändert, wenn
        – die Zinsen und die Laufzeit mit derselben Zahl multipliziert
           oder durch dieselbe Zahl dividiert werden,
        – die Zinsen und der Jahreszinssatz mit derselben Zahl
           multipliziert oder durch dieselbe Zahl dividiert werden,
        – der Jahreszinssatz mit derjenigen Zahl multipliziert wird,
           durch die die Laufzeit dividiert wird oder umgekehrt.

13. a) 638 € : (7,25% · 2200 €) = 638 € : 159,50 € = 4
    b) 2655,90 € : (6,5% · 4540 €) = 2655,90 € : 295,10 € = 9
    c) 59,92 € : (5% · 85,60 €) = 59,92 € : 4,28 € = 14
    d) 15,40 € : (8,75% · 8,80 €) = 15,40 € : 0,77 € = 20

14. 132,30 € : (3,5% · 210 €) = 132,30 € : 7,35 € = 18
    781,50 € : (4% · 1302,50 €) = 781,50 € : 52,10 € = 15
    265,32 € : (4,5% · 268 €) = 265,32 € : 12,06 € = 22
    1145,55 € : (5% · 3273 €) = 1145,55 € : 163,65 € = 7
    233,20 € : (5,5% · 424 €) = 233,20 € : 23,32 € = 10
    139,05 € : (6% · 463,50 €) = 139,05 € : 27,81 € = 5

15. Möglichkeit 1: (27912,50 € – 55000 € · 2%) : (9,75% · 55000 €)
                    = 26812,50 € : 5362,50 € = 5
    Möglichkeit 2: (32725 € – 55000 € · 1%) : (9,75% · 55000 €)
                    = 32175 € : 5362,50 € = 6
    Möglichkeit 3: 42900 € : (9,75% · 55000 €)
                    = 42900 € : 5362,50 € = 8

16. 739500 € : (7,25% · 1275000 €) = 739500 € : 92437,50 € = 8
    Herr Schulze hat 8 Enkelkinder.

17. a) 769,23 € : (3,85% · 2220 €) = 769,23 € : 85,47 € = 9
    b) 1538,46 € : (3,85% · 4440 €) = 1538,46 € : 170,94 € = 9
    c) 1538,46 € : (7,7% · 2220 €) = 1538,46 € : 170,94 € = 9
    d) 769,23 € : (7,7% · 1110 €) = 769,23 € : 85,47 € = 9
    e) Die Laufzeit bleibt unverändert, wenn
        – die Zinsen und das Kapital mit derselben Zahl multipliziert
           oder durch dieselbe Zahl dividiert werden,
        – die Zinsen und der Jahreszinssatz mit derselben Zahl
           multipliziert oder durch dieselbe Zahl dividiert werden,
        – der Jahreszinssatz mit derjenigen Zahl multipliziert wird,
           durch die das Kapital dividiert wird oder umgekehrt.

18.

	a)	b)	c)	d)	e)	f)
Kapital	1170 €	9800 €	748 €	11520 €	223,20 €	1970 €
Zinssatz	7,2%	4,75%	6,75%	8%	2,5%	1,8%
Jahreszinsen	84,24 €	465,50 €	50,49 €	921,60 €	5,58 €	35,46 €
Laufzeit	3 Jahre	5 Jahre	10 Jahre	2 Jahre	12 Jahre	7 Jahre
Zinsen	252,72 €	2327,50 €	504,90 €	1843,20 €	66,96 €	248,22 €

19.

a) 375000 € · 6% · 6 + 375000 € · 1,75% = 141562,50 €

b) (375000 € · 6,5% · 6) · 1,09 = 159412,50 €

c) 375000 € · 7% · 6 + 1200 € = 158700 €

d) (375000 € · 7,5% · 6)· 1,04 + 375000 € · 1,25% = 180187,50 €

e) 375000 € · 8% · 6 + 375000 € · 0,75% + 900 € = 183712,50 €

f) (375000 € · 8,5% · 6) · 1,025 + 600 € = 196631,25 €

g) (375000 € · 9% · 6) · 1,015 + 375000 € · 0,5% + 300 € = 207712,50 €

F   Zinseszinsen

1. a) $29845 € · 1,0825^{12} ≈ 77269,20 €$

b) $4012,75 € · 1,0415^{9} ≈ 5785,96 €$

c) $563,11 € · 1,0345^{4} ≈ 644,93 €$

d) $87,20 € · 1,0995^{25} ≈ 934,11 €$

2. a) $238956 € : 1,0765^{10} ≈ 114334,58 €$

b) $55023,35 € : 1,0525^{7} ≈ 38458,50 €$

c) $4474,22 € : 1,0455^{3} ≈ 3915,12 €$

d) $398,30 € : 1,0885^{30} ≈ 31,29 €$

3.

	a)	b)	c)	d)	e)	f)
Anfangskapital	38400 €	9900,89 €	4440 €	2429,86	2100 €	1078,37 €
Zinssatz	8,4%	6,1%	9%	7,5%	5,25%	4,75%
Laufzeit	12 Jahre	8 Jahre	15 Jahre	6 Jahre	3 Jahre	5 Jahre
Endkapital	101084,04 €	15900 €	16172,62 €	3750 €	2448,42 €	1360 €

4.

	Guthaben am Jahresanfang	Zinsen für das laufende Jahr	Guthaben am Jahresende
Erstes Jahr	800 €	28 €	828 €
Zweites Jahr	1628 €	56,98 €	1684,98 €
Drittes Jahr	2484,98 €	86,97 €	2571,95 €
Viertes Jahr	3371,95 €	118,02 €	3489,97 €
Fünftes Jahr	4289,97 €	150,15 €	4440,12 €
Sechstes Jahr	5240,12 €	183,40 €	5423,52 €

5. a) $32607,84 \, € : 1,0475^3 \approx 28370,04 \, € \neq 27500 \, €$
        $33109,21 \, € : 1,0475^4 \approx 27500 \, €$
        $34681,90 \, € : 1,0475^5 \approx 27500 \, €$
        Herr Moritz hat Recht. Bei der ersten Möglichkeit ergibt sich ein falsches Anfangskapital.
    b) Herr Moritz hat 27500 € eingezahlt.

6. Anja kann an ihrem 18. Geburtstag $50 \, € \cdot 1,05^6 + 10 \, € \cdot 1,05^5$
    $+ 10 \, € \cdot 1,05^4 + 10 \, € \cdot 1,05^3 + 10 \, € \cdot 1,05^2 + 10 \, € \cdot 1,05 \approx 125,02 \, €$
    abheben.

7. a) $15000 \, € : 1,05^4 \approx 12340,54 \, €$
    b) $15000 \, € : 1,055^5 \approx 11477,02 \, €$
    c) $15000 \, € : 1,06^6 \approx 10574,41 \, €$
    d) $15000 \, € : 1,065^7 \approx 9652,59 \, €$
    e) $15000 \, € : 1,07^8 \approx 8730,14 \, €$
    f) $15000 \, € : 1,075^9 \approx 7823,75 \, €$

8. a) $7195 \, € : 1,065^4 \approx 5592,84 \, €$
    b) $7195 \, € : 1,065^6 \approx 4930,98 \, €$
    c) $7195 \, € : 1,065^8 \approx 4514,23 \, €$
    d) $7195 \, € : 1,065^{10} \approx 3832,96 \, €$

9. a) Wie hoch ist das Endkapital?
        $67200 \, € \cdot 1,056^7 \approx 98404,89 \, €$
        Um welchen Betrag hat sich das Anfangskapital vermehrt?
        $98404,89 \, € - 67200 \, € = 31204,89 \, €$
    b) Welches Anfangskapital haben Wilma und Simon eingezahlt?
        $9969,46 \, € : 1,045^5 \approx 8000 \, €$
        Um welchen Betrag hat sich Wilmas Anfangskapital vermehrt?
        $9969,46 \, € - 8000 \, € = 1969,46 \, €$
        Über welchen Zinsbetrag kann Simon insgesamt verfügen?
        $8000 \, € \cdot 4,5\% \cdot 5 = 1800 \, €$
    c) Welches Kapital hat Herr Krämer Anfang 2006 eingezahlt?

$$7312{,}25 \text{ €} : \left(1+\tfrac{1}{8}\right)^4 = 7312{,}25 \text{ €} : 1{,}125^4 \approx 4565 \text{ €}$$

Um welchen Betrag hat sich der Einzahlungsbetrag Ende 2009 vermehrt? $7312{,}25 \text{ €} - 4565 \text{ €} = 2747{,}25 \text{ €}$

Wie hoch ist der Jahreszinssatz? $\tfrac{1}{8} = 0{,}125 = 12{,}5\%$

d) Wie hoch ist das Anfangskapital mit (ohne) Zinseszins?
Mit Zinseszins: $20475 \text{ €} : (\ 1{,}04 \cdot 1{,}05\ ) = 18750 \text{ €}$
Ohne Zinseszins: $20475 \text{ €} : (\ 1 + 0{,}04 + 0{,}05\ ) \approx 18784{,}40 \text{ €}$
Wie hoch sind jeweils die nach dem ersten und zweiten Jahr gezahlten Zinsen mit (ohne) Zinseszins?
Mit Zinseszins nach dem ersten Jahr:
$18750 \text{ €} \cdot 4\% = 18750 \text{ €} \cdot 0{,}04 = 750 \text{ €}$
Mit Zinseszins nach dem zweiten Jahr:
$(\ 18750 \text{ €} + 750 \text{ €}\ ) \cdot 5\% = 19500 \text{ €} \cdot 0{,}05 = 975 \text{ €}$
Ohne Zinseszins nach dem ersten Jahr:
$18784{,}40 \text{ €} \cdot 4\% = 18784{,}40 \text{ €} \cdot 0{,}04 \approx 751{,}38 \text{ €}$
Ohne Zinseszins nach dem zweiten Jahr:
$18784{,}40 \text{ €} \cdot 5\% = 18784{,}40 \text{ €} \cdot 0{,}05 = 939{,}22 \text{ €}$

10. a) $89034 \text{ €} - 54892 \text{ €} = 34142 \text{ €}$
b) $5721{,}04 \text{ €} \cdot (\ 1{,}0235^9 - 1\ ) \approx 1330{,}20 \text{ €}$
c) $365{,}99 \text{ €} \cdot (\ 1{,}0454^5 - 1\ ) \approx 90{,}97 \text{ €}$
d) $78{,}80 \text{ €} \cdot (\ 1{,}0887^{21} - 1\ ) \approx 390{,}66 \text{ €}$

11. a) Endkapital: $48400 \text{ €} \cdot 1{,}073^{14} \approx 129790{,}07 \text{ €}$
Zinseszinsen: $129790{,}07 \text{ €} - 48400 \text{ €} = 81390{,}07 \text{ €}$
b) Zinseszinsen: $91500 \text{ €} - 9876 \text{ €} = 81624 \text{ €}$
c) Endkapital: $5540 \text{ €} \cdot 1{,}08^{10} \approx 11960{,}44 \text{ €}$
Zinseszinsen: $11960{,}44 \text{ €} - 5540 \text{ €} = 6420{,}44 \text{ €}$
d) Endkapital: $213005 \text{ €} \cdot 1{,}0033^8 \approx 218693{,}71 \text{ €}$
Zinseszinsen: $218693{,}71 \text{ €} - 213005 \text{ €} = 5688{,}71 \text{ €}$
e) Endkapital: $1200 \text{ €} \cdot 1{,}044^5 \approx 1488{,}28 \text{ €}$
Zinseszinsen: $1488{,}28 \text{ €} - 1200 \text{ €} = 288{,}28 \text{ €}$
f) Endkapital: $31{,}90 \text{ €} \cdot 1{,}1425^2 \approx 41{,}64 \text{ €}$
Zinseszinsen: $41{,}64 \text{ €} - 31{,}90 \text{ €} = 9{,}74 \text{ €}$

12.

	Guthaben am Jahresanfang	Zinsen für das laufende Jahr	Zinseszinsen am Jahresende
Erstes Jahr	650 €	19,18 €	19,18 €
Zweites Jahr	1319,18 €	38,92 €	58,10 €
Drittes Jahr	2008,10 €	59,24 €	117,34 €
Viertes Jahr	2717,34 €	80,16 €	197,50 €
Fünftes Jahr	3447,50 €	101,70 €	299,20 €
Sechstes Jahr	4199,20 €	123,88 €	423,08 €

13.

	a)	b)	c)	d)	e)	f)
Erwerbspreis	3861,04 €	4656,07 €	5215,83 €	5558,32 €	6114,54 €	6399,63 €
Zinssatz	6,5%	7%	7,5%	8%	8,5%	9%
Laufzeit	7 Jahre	8 Jahre	9 Jahre	10 Jahre	11 Jahre	12 Jahre
Nominalwert	6000 €	8000 €	10000 €	12000 €	15000 €	18000 €
Steuersatz	20%	25%	30%	35%	40%	45%
Gesamte Zinseszinsen nach dem Steuerabzug	1711,17 €	2507,95 €	3348,92 €	4187,09 €	5331,28 €	6380,20 €

14.   a)   Wie hoch ist das Endkapital?

$276000 € \cdot 1,04^4 \approx 322880,96 €$

Wie hoch sind die Zinseszinsen?

$322880,96 € - 276000 € = 46880,96 €$

b)   Wie hoch ist das Endkapital?

$1500 € \cdot 1,0375^6 \approx 1870,77 €$

Wie hoch sind die Zinseszinsen?

$1870,77 € - 1500 € = 370,77 €$

c)   Um wie viel Prozent hat sich das Guthaben vermehrt? Oder: Wie viel Prozent des Anfangskapitals betragen die

Zinseszinsen? $\left(1+\frac{1}{9}\right)^3 - 1 \approx 1,3717 - 1 = 0,3717 = 37,17\%$

Wie hoch ist der Jahreszinssatz? $\quad \frac{1}{9} = 0,\overline{1} \approx 11,11\%$

d)   Wie hoch ist das Endkapital mit (ohne) Zinseszins?

Mit Zinseszins:

$8500 € \cdot (1,0175 \cdot 1,025 \cdot 1,0325 \cdot 1,04 \cdot 1,0475) \approx 9971,37 €$

Ohne Zinseszins:

$8500 € \cdot (1 + 0,025 + 0,0325 + 0,04 + 0,0475) = 9732,50 €$

15.   a) $1,03^2 \approx 18380 € : 17325 € \quad\quad p = 3\%$

b) $1,04^5 \approx 38020 € : 31250 € \quad\quad p = 4\%$

c) $1,05^7 \approx 1097,54 € : 780 € \quad\quad p = 5\%$

d) $1,06^{12} \approx 1831,10 € : 910 € \quad\quad p = 6\%$

16.

	a)	b)	c)	d)	e)	f)
Anfangskapital	1500 €	2500 €	3250 €	5150 €	720 €	6330 €
Zinssatz	4,49%	3,09%	3,77%	1,95%	4,92%	1,28%
Laufzeit	25 Jahre	6 Jahre	2 Jahre	14 Jahre	20 Jahre	4 Jahre
Endkapital	4500 €	3000 €	3500 €	6750 €	1880 €	6660 €
Gesamte Zinseszinsen	3000 €	500 €	250 €	1600 €	1160 €	330 €

17. Sparkasse: $1,0456^5 \approx 12500 € : 10000 €$ p = 4,56%%
    Vereinsbank: $1,0400^{28} \approx 3$ p = 3%
    Volksbank: $1,0524^{10} \approx 150000 € : 90000 €$ p = 5,24%

18. a)   Wie hoch ist das Endkapital?
          25000 € + 5000 € = 30000 €
          Wie hoch ist der Jahreszinssatz?
          $1,0466^4 \approx 30000 € : 25000 €$ p = 4,66%

    b)   Wie hoch ist das Anfangskapital?
          35000 € − 10000 € = 25000 €
          Wie hoch ist der Jahreszinssatz?
          $1,0577^6 \approx 35000 € : 25000 €$ p = 5,77%

    c)   Welchen Prozentanteil am Endkapital hat das Anfangskapital?
          $\frac{1}{3} = 33\frac{1}{3}\%$
          Wie hoch ist der Jahreszinssatz?
          $1,0373^{30} \approx 3$ p = 3,73%

    d)   Wie hoch sind die Zinseszinsen?
          50000 € − 27500 € = 22500 €
          Wie hoch ist der Jahreszinssatz?
          $1,0687^9 \approx 50000 € : 27500 €$ p = 6,87%

19. a) $1,02^3 \approx 21224,16 € : 20000 €$ Laufzeit 3 Jahre
    b) $1,03^2 \approx 25461,60 € : 24000 €$ Laufzeit 2 Jahre
    c) $1,04^4 \approx 701,92 € : 600 €$ Laufzeit 4 Jahre
    d) $1,05^5 \approx 1914,42 € : 1500 €$ Laufzeit 5 Jahre

20.

	a)	b)	c)	d)	e)	f)
Anfangskapital	1000 €	400 €	1200 €	6200 €	5000 €	3000 €
Zinssatz	3%	4%	5%	6%	7%	8%
Laufzeit	11 Jahre	11 Jahre	2 Jahre	2 Jahre	3 Jahre	7 Jahre
Endkapital	1400 €	620 €	1323 €	7000 €	6200 €	5000 €
Gesamte Zinseszinsen	400 €	220 €	123 €	800 €	1200 €	2000 €

21.

Jahres-zinssatz	Verdopp-lung	Verdrei-fachung	Vervier-fachung	Verfünf-fachung	Versechs-fachung	Versieben-fachung
2%	35	55	70	81	90	98
3%	23	37	47	54	61	66
4%	18	28	35	41	46	50
5%	14	23	28	33	37	40
6%	12	19	24	28	31	33
7%	10	16	20	24	26	29
8%	9	14	18	21	23	25

22.

a)   Wie hoch ist das Endkapital?
    $36000 € + 6114,91 € = 42114,91 €$
    Wie lang ist die Laufzeit in Jahren?
    $1,04^4 \approx 42114,91 € : 36000 €$ Laufzeit 4 Jahre

b)   Wie hoch ist das Anfangskapital?
    $63833,36 € - 18833,36 € = 45000 €$
    Wie lang ist die Laufzeit in Jahren?
    $1,06^6 \approx 63833,36 € : 45000 €$ Laufzeit 6 Jahre

c)   Welchen Prozentanteil am Endkapital hat das Anfangskapital?
    $\frac{1}{4} = 25\%$
    Wie lang ist die Laufzeit in Jahren?
    $1,09^{16} \approx 16$ Laufzeit 16 Jahre

d)   Wie hoch sind die Zinseszinsen?
    $59237,02 € - 38500 € = 20737,02 €$
    Wie lang ist die Laufzeit in Jahren?
    $1,09^6 \approx 63833,36 € : 45000 €$ Laufzeit 4 Jahre

23.   a)

Beginn des Jahres	Guthaben Jahresbeginn	Einzahlung Jahresbeginn	Zinssatz	Zinsen Jahresende	Guthaben Jahresende
2006	0,00 €	500,00 €	1,50%	7,50 €	507,50 €
2007	507,50 €	500,00 €	1,50%	15,11 €	1.022,61 €
2008	1.022,61 €	500,00 €	1,50%	22,84 €	1.545,45 €

b)

Beginn des Jahres	Guthaben Jahresbeginn	Einzahlung Jahresbeginn	Zinssatz	Zinsen Jahresende	Guthaben Jahresende
2006	0,00 €	600,00 €	2,00%	12,00 €	612,00 €
2007	612,00 €	600,00 €	2,00%	24,24 €	1.236,24 €
2008	1.236,24 €	600,00 €	2,00%	36,72 €	1.872,96 €
2009	1.872,96 €	600,00 €	2,00%	49,46 €	2.522,42 €

c)

Beginn des Jahres	Guthaben Jahresbeginn	Einzahlung Jahresbeginn	Zinssatz	Zinsen Jahresende	Guthaben Jahresende
2006	0,00 €	700,00 €	2,50%	17,50 €	717,50 €
2007	717,50 €	700,00 €	2,50%	35,44 €	1.452,94 €
2008	1.452,94 €	700,00 €	2,50%	53,82 €	2.206,76 €
2009	2.206,76 €	700,00 €	2,50%	72,67 €	2.979,43 €
2010	2.979,43 €	700,00 €	2,50%	91,99 €	3.771,42 €

d)

Beginn des Jahres	Guthaben Jahresbeginn	Einzahlung Jahresbeginn	Zinssatz	Zinsen Jahresende	Guthaben Jahresende
2006	0,00 €	800,00 €	3,00%	24,00 €	824,00 €
2007	824,00 €	800,00 €	3,00%	48,72 €	1.672,72 €
2008	1.672,72 €	800,00 €	3,00%	74,18 €	2.546,90 €
2009	2.546,90 €	800,00 €	3,00%	100,41 €	3.447,31 €
2010	3.447,31 €	800,00 €	3,00%	127,42 €	4.374,73 €
2011	4.374,73 €	800,00 €	3,00%	155,24 €	5.329,97 €

24.

Beginn Des Jahres	Guthaben Jahresbeginn	Einzahlung Jahresbeginn	Zinssatz	Zinsen Jahresende	Guthaben Jahresende
2006	0,00 €	950,00 €	4,50%	42,75 €	992,75 €
2007	992,75 €	950,00 €	4,50%	87,42 €	2.030,17 €
2008	2.030,17 €	950,00 €	4,50%	134,11 €	3.114,28 €
2009	3.114,28 €	950,00 €	4,50%	182,89 €	4.247,17 €

25.

Beginn Des Jahres	Guthaben Jahresbeginn	Einzahlung Jahresbeginn	Zinssatz	Zinsen Jahresende	Guthaben Jahresende
2006	0,00 €	750,00 €	6,25%	46,88 €	796,88 €
2007	796,88 €	750,00 €	6,25%	96,68 €	1.643,55 €
2008	1.643,55 €	750,00 €	6,25%	149,60 €	2.543,15 €
2009	2.543,15 €	750,00 €	6,25%	205,82 €	3.498,97 €
2010	3.498,97 €	750,00 €	6,25%	265,56 €	4.514,53 €
2011	4.514,53 €	750,00 €	6,25%	329,03 €	5.593,57 €
2012	5.593,57 €	750,00 €	6,25%	396,47 €	6.740,04 €

26.　　a)

Beginn des Jahres	Restschuld Jahresbeginn	Zins-satz	Schuldzinsen Jahresende	Tilgung Jahresende	Feste Jahresrate	Restschuld Jahresende
2006	3.500,00 €	7,50%	262,50 €	280,00 €	542,50 €	3.220,00 €
2007	3.220,00 €	7,50%	241,50 €	301,00 €	542,50 €	2.919,00 €
2008	2.919,00 €	7,50%	218,93 €	323,58 €	542,50 €	2.595,43 €
2009	2.595,43 €	7,50%	194,66 €	347,84 €	542,50 €	2.247,58 €

b)

Beginn des Jahres	Restschuld Jahresbeginn	Zins-satz	Schuldzinsen Jahresende	Tilgung Jahresende	Feste Jahresrate	Restschuld Jahresende
2006	6.250,00 €	5,75%	359,38 €	468,75 €	828,13 €	5.781,25 €
2007	5.781,25 €	5,75%	332,42 €	495,70 €	828,13 €	5.285,55 €
2008	5.285,55 €	5,75%	303,92 €	524,21 €	828,13 €	4.761,34 €
2009	4.761,34 €	5,75%	273,78 €	554,35 €	828,13 €	4.206,99 €
2010	4.206,99 €	5,75%	241,90 €	586,22 €	828,13 €	3.620,77 €
2011	3.620,77 €	5,75%	208,19 €	619,93 €	828,13 €	3.000,84 €

c)

Beginn des Jahres	Restschuld Jahresbeginn	Zins-satz	Schuldzinsen Jahresende	Tilgung Jahresende	Feste Jahresrate	Restschuld Jahresende
2006	7.800,00 €	6,25%	487,50 €	507,00 €	994,50 €	7.293,00 €
2007	7.293,00 €	6,25%	455,81 €	538,69 €	994,50 €	6.754,31 €
2008	6.754,31 €	6,25%	422,14 €	572,36 €	994,50 €	6.181,96 €
2009	6.181,96 €	6,25%	386,37 €	608,13 €	994,50 €	5.573,83 €
2010	5.573,83 €	6,25%	348,36 €	646,14 €	994,50 €	4.927,69 €
2011	4.927,69 €	6,25%	307,98 €	686,52 €	994,50 €	4.241,17 €
2012	4.241,17 €	6,25%	265,07 €	729,43 €	994,50 €	3.511,75 €

d)

Beginn des Jahres	Restschuld Jahresbeginn	Zins-satz	Schuldzinsen Jahresende	Tilgung Jahresende	Feste Jahresrate	Restschuld Jahresende
2006	9.750,00 €	9,00%	877,50 €	487,50 €	1.365,00 €	9.262,50 €
2007	9.262,50 €	9,00%	833,63 €	531,38 €	1.365,00 €	8.731,13 €
2008	8.731,13 €	9,00%	785,80 €	579,20 €	1.365,00 €	8.151,93 €
2009	8.151,93 €	9,00%	733,67 €	631,33 €	1.365,00 €	7.520,60 €
2010	7.520,60 €	9,00%	676,85 €	688,15 €	1.365,00 €	6.832,45 €
2011	6.832,45 €	9,00%	614,92 €	750,08 €	1.365,00 €	6.082,37 €
2012	6.082,37 €	9,00%	547,41 €	817,59 €	1.365,00 €	5.264,79 €
2013	5.264,79 €	9,00%	473,83 €	891,17 €	1.365,00 €	4.373,62 €

27.

Anfangstilgung: 9,00%

Beginn des Jahres	Restschuld Jahresbeginn	Zins-satz	Schuldzinsen Jahresende	Tilgung Jahresende	Feste Jahresrate	Restschuld Jahresende
2006	75.000,00 €	10,50%	7.875,00 €	6.750,00 €	14.625,00 €	68.250,00 €
2007	68.250,00 €	10,50%	7.166,25 €	7.458,75 €	14.625,00 €	60.791,25 €
2008	60.791,25 €	10,50%	6.383,08 €	8.241,92 €	14.625,00 €	52.549,33 €
2009	52.549,33 €	10,50%	5.517,68 €	9.107,32 €	14.625,00 €	43.442,01 €
2010	43.442,01 €	10,50%	4.561,41 €	10.063,59 €	14.625,00 €	33.378,42 €

28.

	Kapital	22000 €	9450 €	12800 €	95,95 €	0,05 €	12 €
	Zinssatz	6,75%	5%	7,25%	4,5%	8%	7%
	Laufzeit	3 Jahre	4 Jahre	2 Jahre	9 Jahre	55 Jahre	20 Jahre
	Einfache Zinsen	4455 €	1890 €	1856 €	38,86 €	0,22 €	16,80 €
	Zinseszinsen	4762,48 €	2036,53 €	1923,28 €	46,64 €	3,40 €	34,44 €

29.   Finanzmakler: 100000 € + 100000 € · 4% · 3 + 300 € = 112300 €
Sparkasse: 100000 € · 1,04³ = 112486,40 €
Die Sparkasse zahlt am Ende der Laufzeit 186,40 € mehr aus als der Finanzmakler.

30.   a)   Wie hoch ist das Endkapital mit (ohne) Zinseszins?
Mit Zinseszins: $125 € · 1,0365^6 ≈ 155 €$
Ohne Zinseszins: $125 € · (1 + 0,0365 · 6) ≈ 152,38 €$
Wie hoch sind die insgesamt gezahlten Zinsen mit (ohne) Zinseszins?
Mit Zinseszins: 155 € – 125 € = 30 €

Ohne Zinseszins: 152,38 € – 125 € = 27,38 €

b)   Wie hoch ist das Anfangskapital mit (ohne) Zinseszins?
Mit Zinseszins: 2225,25 € : ($1,0345^{10}$ – 1) ≈ 5510,79 €
Ohne Zinseszins: 2225,25 € : (0,0345 · 10) = 6450 €
Wie hoch ist das Endkapital mit (ohne) Zinseszins?
Mit Zinseszins: 5510,79 € + 2225,25 € = 7736,04 €
Ohne Zinseszins: 6450 € + 2225,25 € = 8675,25 €

c)   Wie hoch ist das Anfangskapital mit (ohne) Zinseszins?
Mit Zinseszins: 169,20 € : ($1,0235^{9}$ – 1) ≈ 727,71 €
Ohne Zinseszins: 169,20 € : (0,0235 · 9) = 800 €
Wie hoch ist das Endkapital mit (ohne) Zinseszins?
Mit Zinseszins: 727,71 € + 169,20 € = 896,91 €
Ohne Zinseszins: 800 € + 169,20 € = 969,20 €

31.

	a)	b)	c)	d)	e)	f)
Anfangskapital	4980,50 €	4714,22 €	3210,90 €	3768,75 €	5545 €	2112,20 €
Jahreszinssatz	7,2%	5,15%	4,5%	3,05%	5,25%	7,7%
Laufzeit	10 Jahre	7 Jahre	11 Jahre	4 Jahre	5 Jahre	2 Jahre
Endkapital	9982,07 €	6700 €	5210,82 €	4250 €	7161,63 €	2450 €

	g)	h)	i)	j)	k)	l)
Anfangskapital	5950 €	1234 €	3390 €	706005 €	3400 €	20,20 €
Zinssatz	5,4%	–	7%	0,66%	3,3%	12,75%
Laufzeit	12 Jahre	–	9 Jahre	6 Jahre	8 Jahre	3 Jahre
Endkapital	11184,18 €	42800 €	6232,38 €	734428,18 €	4408,41 €	28,95 €
Gesamte Zinseszinsen	5234,18 €	41566 €	2842,38 €	28423,18 €	1008,41 €	8,75 €

	m)	n)	o)	p)	q)	r)
Anfangskapital	3200 €	1900 €	3900 €	6350 €	470 €	9140 €
Zinssatz	3,16%	2,42%	2,91%	4,07%	7,55%	1,49%
Laufzeit	18 Jahre	8 Jahre	3 Jahre	11 Jahre	15 Jahre	6 Jahre
Endkapital	5600 €	2300 €	4250 €	9850 €	1400 €	9990 €
Gesamte Zinseszinsen	2400 €	400 €	350 €	3500 €	930 €	850 €

	s)	t)	u)	v)	w)	x)
Anfangskapital	1000 €	450 €	1350 €	6600 €	6500 €	2000 €
Zinssatz	3,5%	4%	5,25%	6%	7%	8,75%
Laufzeit	12 Jahre	11 Jahre	2 Jahre	4 Jahre	8 Jahre	8 Jahre
Endkapital	1500 €	700 €	1495 €	8500 €	11000 €	4000 €
Gesamte Zinseszinsen	500 €	250 €	145 €	1900 €	4500 €	2000 €

32.

Beginn des Jahres	Guthaben Jahresbeginn	Einzahlung Jahresbeginn	Zinssatz	Zinsen Jahresende	Guthaben Jahresende
2006	0,00 €	825,00 €	5,75%	47,44 €	872,44 €
2007	872,44 €	825,00 €	5,75%	97,60 €	1.795,04 €
2008	1.795,04 €	825,00 €	5,75%	150,65 €	2.770,69 €
2009	2.770,69 €	825,00 €	5,75%	206,75 €	3.802,44 €

Beginn des Jahres	Guthaben Jahresbeginn	Einzahlung Jahresbeginn	Zinssatz	Zinsen Jahresende	Guthaben Jahresende
2006	0,00 €	540,00 €	4,95%	26,73 €	566,73 €
2007	566,73 €	540,00 €	4,95%	54,78 €	1.161,51 €
2008	1.161,51 €	540,00 €	4,95%	84,22 €	1.785,74 €
2009	1.785,74 €	540,00 €	4,95%	115,12 €	2.440,86 €
2010	2.440,86 €	540,00 €	4,95%	147,55 €	3.128,41 €
2011	3.128,41 €	540,00 €	4,95%	181,59 €	3.850,00 €
2012	3.850,00 €	540,00 €	4,95%	217,31 €	4.607,31 €

33.

Anfangstilgung:		7,5%				
Beginn des Jahres	Restschuld Jahresbeginn	Zins-satz	Schuldzinsen Jahresende	Tilgung Jahresende	Feste Jahresrate	Restschuld Jahresende
2006	58.000,00 €	9,75%	5.655,00 €	4.350,00 €	10.005,00 €	53.650,00 €
2007	53.650,00 €	9,75%	5.230,88 €	4.774,13 €	10.005,00 €	48.875,88 €
2008	48.875,88 €	9,75%	4.765,40 €	5.239,60 €	10.005,00 €	43.636,27 €
2009	43.636,27 €	9,75%	4.254,54 €	5.750,46 €	10.005,00 €	37.885,81 €
2010	37.885,81 €	9,75%	3.693,87 €	6.311,13 €	10.005,00 €	31.574,68 €

34.

Anfangstilgung:		1%				
Beginn Des Jahres	Restschuld Jahresbeginn	Zins- satz	Schuldzinsen Jahresende	Tilgung Jahresende	Feste Jahresrate	Restschuld Jahresende
2006	125.000,00 €	8,50%	10.625,00 €	1.250,00 €	11.875,00 €	123.750,00 €
2007	123.750,00 €	8,50%	10.518,75 €	1.356,25 €	11.875,00 €	122.393,75 €
2008	122.393,75 €	8,50%	10.403,47 €	1.471,53 €	11.875,00 €	120.922,22 €
2009	120.922,22 €	8,50%	10.278,39 €	1.596,61 €	11.875,00 €	119.325,61 €
2010	119.325,61 €	8,50%	10.142,68 €	1.732,32 €	11.875,00 €	117.593,28 €
2011	117.593,28 €	8,50%	9.995,43 €	1.879,57 €	11.875,00 €	115.713,71 €
2012	115.713,71 €	8,50%	9.835,67 €	2.039,33 €	11.875,00 €	113.674,38 €

G   Tests

1   Prozentrechnung

a)   12000 : 115% = 12000 : 1,15 ≈ 10434
Mehr als 10434 Männer und Frauen meldeten sich im Jahr 2001 beim Arbeitsamt Bergisch Gladbach arbeitslos.

b)   In 2001: 10434 : 7% = 10434 : 0,07 ≈ 149057 zivile Erwerbspersonen
In 2002: 12000 : 7,5% = 12000 : 0,075 = 160000 zivile Erwerbspersonen

c)   7686 : 104% = 7686 : 1,04 ≈ 7390 waren Ende November 2002 ohne Job.

d)   7686 : 111% = 7686 : 1,11 ≈ 6924 waren im Jahr 2001 ohne Job.

e)   Zuwachs von Dezember 2000 bis Dezember 2002:
(7686 – 6300) : 6300 = 1386 : 6300 = 0,22 = 22%
Die Zeitungsaussage weist mit 20% einen zu niedrigen Arbeitslosenzuwachs aus.

2   Zins- und Zinseszinsrechnung

1. $40000\,€ \cdot 0,0375 \cdot \dfrac{96}{360} = 400\,€$

2.   110500 € · 4,25% + 350 € = 110500 € · 0,0425 + 350 € = 5046,25 €
85000 € · 4,75% · 1,06 = 85000 € · 0,0475 · 1,06 = 4279,75 €
34500 € · 5,25% = 34500 € · 0,0525 = 1811,25 €

3.   Erste Einzahlung: 100 RM am 13.12.1946

Zinsen vom 13.12.1946 bis Ende 1946 in RM: $100 \cdot 0,03 \cdot \dfrac{17}{360} \approx 0,14$

Neues Kapital Ende 1946 in RM: 100,14

Zinsen vom 01.01.1947 bis Ende 1947 in RM: 100,14 · 0,03 ≈ 3,00

Neues Kapital Ende 1947 in RM: 103,14

Zinsen vom 01.01.1948 bis 16.07.1948 in RM: $103,14 \cdot 0,03 \cdot \dfrac{196}{360} \approx 1,68$

Neues Kapital am 16.07.1948 in RM: 104,82

Zweite Einzahlung: 100 RM am 20.12.1947

Zinsen vom 20.12.1947 bis Ende 1947 in RM: $100 \cdot 0,03 \cdot \dfrac{10}{360} \approx 0,08$

Zinsen vom 01.01.1948 bis 16.07.1948 in RM: $100 \cdot 0,03 \cdot \dfrac{196}{360} \approx 1,63$

Gesamtbetrag der aufgelaufenen Zinsen

In RM: 0,14 + 3,00 + 1,68 + 0,08 + 1,63 = 6,53

In DM: 6,53 : 10 ≈ 0,65

In €:   0,65 : 1,95583 ≈ 0,33

H   Anhang: Basiswissen zur Prozent- und Zinsrechnung

1.   a) $\frac{3}{4}$ km =0,75 km = 750 m   b) $\frac{5}{8}$ hl = 0,625 hl = 62500 ml

2.   a) $\frac{11}{12}$ · 156 kg = (11 · 156 kg) : 12 = 143 kg

        b) $\frac{4}{7}$ · 119 m² = (4 · 119 m²) : 7 = 68 m²

3.   Mit 2: $\frac{5}{9} = \frac{10}{18}$; $\frac{11}{13} = \frac{22}{26}$; $\frac{7}{15} = \frac{14}{30}$; $\frac{17}{24} = \frac{34}{48}$; $\frac{33}{35} = \frac{66}{70}$; $\frac{34}{43} = \frac{68}{86}$

       Mit 3: $\frac{5}{9} = \frac{15}{27}$; $\frac{11}{13} = \frac{33}{39}$; $\frac{7}{15} = \frac{21}{45}$; $\frac{17}{24} = \frac{51}{72}$; $\frac{33}{35} = \frac{99}{105}$; $\frac{34}{43} = \frac{102}{129}$

       Mit 6: $\frac{5}{9} = \frac{30}{54}$; $\frac{11}{13} = \frac{66}{78}$; $\frac{7}{15} = \frac{42}{90}$; $\frac{17}{24} = \frac{102}{144}$; $\frac{33}{35} = \frac{198}{210}$; $\frac{34}{43} = \frac{204}{258}$

       Mit 8: $\frac{5}{9} = \frac{40}{72}$; $\frac{11}{13} = \frac{88}{104}$; $\frac{7}{15} = \frac{56}{120}$; $\frac{17}{24} = \frac{136}{192}$; $\frac{33}{35} = \frac{264}{280}$; $\frac{34}{43} = \frac{272}{344}$

       Mit 15: $\frac{5}{9} = \frac{75}{135}$; $\frac{11}{13} = \frac{165}{195}$; $\frac{7}{15} = \frac{105}{225}$; $\frac{17}{24} = \frac{255}{360}$; $\frac{33}{35} = \frac{495}{525}$; $\frac{34}{43} = \frac{510}{645}$

       Mit 20: $\frac{5}{9} = \frac{100}{180}$; $\frac{11}{13} = \frac{220}{260}$; $\frac{7}{15} = \frac{140}{300}$; $\frac{17}{24} = \frac{340}{480}$; $\frac{33}{35} = \frac{660}{700}$; $\frac{34}{43} = \frac{680}{860}$

4. $\frac{12}{18} = \frac{2}{3}$; $\frac{72}{84} = \frac{6}{7}$; $\frac{64}{120} = \frac{8}{15}$; $\frac{66}{102} = \frac{11}{17}$; $\frac{114}{126} = \frac{19}{21}$; $\frac{120}{136} = \frac{15}{17}$

       $\frac{8}{15} < \frac{11}{17} < \frac{2}{3} < \frac{6}{7} < \frac{15}{17} < \frac{19}{21}$

5.   a) $\left[\left(1\frac{1}{2} - \frac{9}{16}\right) \cdot 12 + 4\right] : \left(2\frac{1}{2} - 1\frac{1}{4}\right) = \left[\frac{15}{16} \cdot 12 + 4\right] : 1\frac{1}{4}$

               $= \left[\frac{45}{4} + \frac{16}{4}\right] : \frac{5}{4} = \frac{61}{4} \cdot \frac{4}{5} = \frac{61}{5} = 12\frac{1}{5}$

       b) $\left[4\frac{1}{2} : \left(1\frac{1}{8} - \frac{1}{4}\right)\right] : \left[\frac{1}{39} \cdot \left(1\frac{5}{7} + 2\right)\right] = \left[\frac{9}{2} : \frac{7}{8}\right] : \left[\frac{1}{39} \cdot \frac{26}{7}\right] = \left[\frac{9}{2} \cdot \frac{8}{7}\right] : \frac{2}{21}$

$$= \tfrac{36}{7} \cdot \tfrac{21}{2} = 54$$

6.   a) $(2\tfrac{11}{12} + 5\tfrac{5}{6}) \cdot (10\tfrac{1}{2} - 5\tfrac{1}{4}) = 8\tfrac{3}{4} \cdot 5\tfrac{1}{4} = \tfrac{35}{4} \cdot \tfrac{21}{4} = \tfrac{735}{16} = 45\tfrac{15}{16}$

       b) $(6\tfrac{1}{2} + 3\tfrac{1}{3}) - (4\tfrac{4}{9} : 2\tfrac{1}{2})$

           $= 9\tfrac{5}{6} - \tfrac{40}{9} : \tfrac{5}{2} = \tfrac{59}{6} - \tfrac{40}{9} \cdot \tfrac{2}{5} = \tfrac{59}{6} - \tfrac{16}{9} = \tfrac{177}{18} - \tfrac{32}{18} = \tfrac{145}{18} = 8\tfrac{1}{18}$

7.   a)   8,05 + 16,1 + 301,861 + 180,04 + 36,4 = 542,451

       b)   2304 − 140,7 − 0,0012 − 20,7 − 39 = 2103,5988

8.   a) 48,4 · 12,016 = 581,5744   b) 0,0018 · 0,027 = 0,0000486

       c) 53,04 : 7,8 = 6,8   d) 18,5475 : 0,75 = 24,73

       e) 455 : 0,006 = $75833,\overline{3}$ f) 7722 : 132 = 58,5

9.   (30,4 + 3 · 3,2) : (322,5 : 1,25 − 0,25 · 232)

     = (30,4 + 9,6) : (258 − 58) = 40 : 200 = 0,2

10.   a)   (20,5882 − 1,081) : (4,11 + 1,986) = 19,5072 : 6,096 = 3,2

       b)   (12,69 : 0,3) + (17,5 · 1,05) = 42,3 + 18,375 = 60,675

11.   a)   nicht proportional   b)   proportional

       c)   nicht proportional

12.   a)

x-Wert	3	4,2	6,08	13	$14\tfrac{2}{3}$	18
y-Wert	10,8	15,12	21,888	46,8	52,8	64,8

       b)   Proportionalitätsfaktor: 3,6

              Zuordnungsvorschrift: x → 3,6 · x

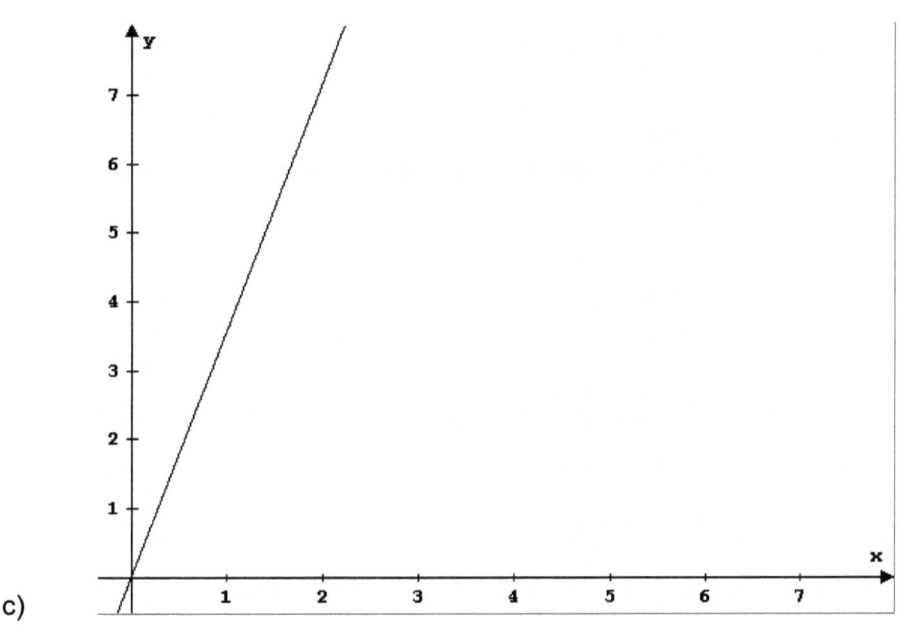

c)

13.   a) $6 \cdot 99$ c = 5,94 € ; ($1\frac{1}{4}$ kg : 250 g) $\cdot$ 99 c = 5 $\cdot$ 99 c = 4,95 € ;

(2750 g : 250 g) $\cdot$ 99 c = 11 $\cdot$ 99 c = 10,89 €

(3,75 kg : 250 g) $\cdot$ 99 c = 15 $\cdot$ 99 c = 14,85 €

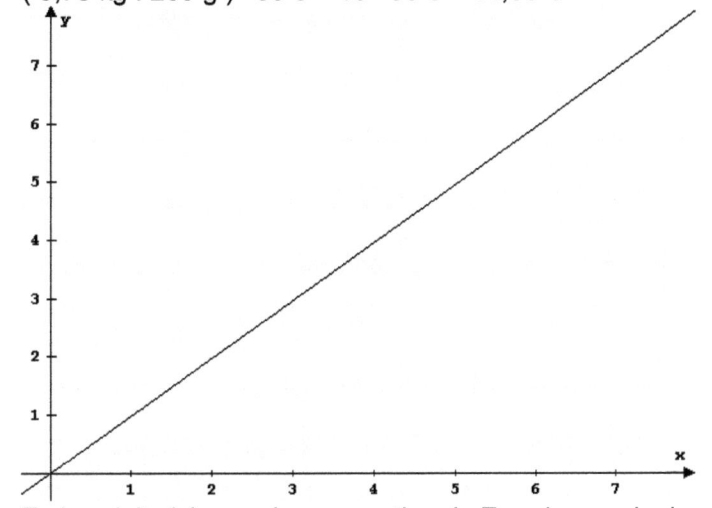

b)   Es handelt sich um eine proportionale Zuordnung, da der
Graph eine Halbgerade durch den Ursprung (0|0) des
Achsenkreuzes ist.

c)   Proportionalitätsfaktor: 0,99
Zuordnungsvorschrift:
Anzahl der Packungen → Preis der Packungen

d) $\quad$ $x \rightarrow 0,99 \cdot x$

$\quad$ $6,93\ € = 0,99 \cdot x \qquad \Rightarrow \qquad x = 7$

14. $\quad$ a) $\quad$ 2500 kcal → 10467 kJ

$\quad$ 500 kcal → 10467 kJ : 5 = 2093,4 kJ

$\quad$ 3500 kcal → 2093,4 kJ · 7 = 14653,8 kJ

$\quad$ b) $\quad$ 10467 kJ → 2500 kcal

$\quad$ 1 kJ → 2500 kcal : 10467

$\quad$ 9000 kJ → (2500 kcal : 10467) · 9000 ≈ 2149,613 kcal

$\quad$ c) $\quad$ 500 g → 210 kcal

$\quad$ 100 g → 210 kcal : 5 = 42 kcal

$\quad$ 300 g → 42 kcal · 3 = 126 kcal

$\quad$ d) $\quad$ 210 kcal → 500 g

$\quad$ 1 kcal → 500 g : 210

$\quad$ 504 kcal → (500 g : 210) · 504 = 1200 kcal

15. $\quad$ 2 Tage → 26 € ; 1 Tag → 26 € : 2 = 13 € ; 3 Tage → 13 € · 3 = 39 €

$\quad$ Rechnungsbetrag: $\quad$ 24 · 39 € = 936 €

16.

	Metall	Gewicht	Volumen	Dichte
a)	Aluminium	323,88 kg	120 dm³	2,699
b)	Blei	2,724 t	240 dm³	11,35
c)	Eisen	27,51 t	3,5 m³	7,86
d)	Gold	694,8 mg	36 mm³	19,3
e)	Kupfer	321,48 kg	36 dm³	8,93
f)	Quecksilber	33,85 kg	2,5 dm³	13,54
g)	Silber	252 g	24 cm³	10,5
h)	Uran	897,6 g	48 cm³	18,7
i)	Zink	32,085 kg	4,5 dm³	7,13

17. $\quad$ a)

	$\frac{x}{3} - 0,2$	$6 \cdot (7x + 8)$	$\frac{2}{x} + \frac{x}{2}$	$(x + 1)^2 - 1$
$x = \frac{11}{12}$	$\frac{19}{180}$	$86\frac{1}{2}$	$2\frac{169}{264}$	$2\frac{97}{144}$
$x = 2$	$\frac{7}{15}$	132	2	8
$x = 5\frac{7}{9}$	$1\frac{98}{135}$	$290\frac{2}{3}$	$3\frac{55}{234}$	$44\frac{76}{81}$
$x = 6,4$	$1,9\overline{3}$	$316,8$	$3,5125$	$53,76$

$\quad$ b) $\quad$ – $\quad$ Subtrahiere 0,2 vom dritten Teil einer Zahl.

$\quad$ – $\quad$ Versechsfache das um 8 vermehrte Siebenfache einer Zahl.

$\quad$ – $\quad$ Addiere zum Quotienten aus 2 und einer Zahl den

Kehrwert dieses Quotienten.
- Subtrahiere 1 vom Quadrat einer um 1 vermehrten Zahl.

18.   a) $8 \cdot (x - 2) + 3$ b) $(x : 6 + 11) \cdot 5$

19. $2 \cdot (a \cdot 2a + a \cdot 3a + 2a \cdot 3a) = 2 \cdot (2a^2 + 3a^2 + 6a^2) = 22a^2$

20.   a) $2x + (3x + 4) = 2x + 3x + 4 = 5x + 4$
    b) $(5y + 6) + (7 + 8y) = 5y + 6 + 7 + 8y = 13y + 13 = 13(y + 1)$
    c) $12 + (10a - 9) + (8 + 7a) = 12 + 10a - 9 + 8 + 7a = 17a + 11$
    d) $\frac{3}{4} \cdot (2\frac{2}{3}b + 16) = \frac{3}{4} \cdot 2\frac{2}{3}b + \frac{3}{4} \cdot 16 = 2b + 12 = 2(b + 6)$

21.   a) $9p + [8p + (7 + 6p)] = 9p + 8p + 7 + 6p = 23p + 7$
    b) $5(q + 4) + 3(2 + q) = 5q + 20 + 6 + 3q = 8q + 26$
    c) $2r + (4 + 5r) + 6 + (7r + 8) = 2r + 4 + 5r + 6 + 7r + 8$
        $= 14r + 18$
    d) $\frac{5}{6} \cdot (s + 18) + 3\frac{4}{5} \cdot (s + 25) = \frac{5}{6}s + 15 + 3\frac{4}{5}s + 95 =$
        $= 4\frac{19}{30}s + 110$

22.   a) $15x - 135 = 105 \Leftrightarrow 15x = 240 \Leftrightarrow x = 16$ $L = \{ 16 \}$
    b) $4(9q - 1) + \frac{2}{7}q = q + 0,5 \Leftrightarrow 36q - 4 + \frac{2}{7}q = q + 0,5$
        $\Leftrightarrow 35\frac{2}{7}q = 4,5 \Leftrightarrow q = \frac{63}{494}$
    c) $43 = 37 + 12y \Leftrightarrow 12y = 6 \Leftrightarrow y = 0,5$
    d) $5(3x + 4) + 2(3x - 1) = 21x \Leftrightarrow 15x + 20 + 6x - 2 = 21x$
        $\Leftrightarrow 21x + 18 = 21x \Leftrightarrow 18 = 0$
    e) $0,35z + \frac{5}{8} = 1\frac{2}{3} \Leftrightarrow 0,35z = 1\frac{1}{24} \Leftrightarrow z = 2\frac{41}{42}$
    f) $0,2(7p - 10) + 2 = 1\frac{2}{5}p \Leftrightarrow 1,4p - 2 + 2 = 1\frac{2}{5}p$
        $\Leftrightarrow 0 = 0$ Die Gleichung ist allgemeingültig.

23.   a)   x sei die Länge der ursprünglichen Quadratseite in cm.
        $4 \cdot (x + 2) = 24 \Leftrightarrow 4x + 8 = 24 \Leftrightarrow 4x = 16 \Leftrightarrow x = 4$
        Flächeninhalt des ursprünglichen Quadrats:
        4 cm · 4 cm = 16 cm²
        Flächeninhalt des neuen Quadrats:
        6 cm · 6 cm = 36 cm²

    b)   x sei die Länge der kürzeren Seite des ursprünglichen Rechtecks in cm. Dann ist 3x die Länge der längeren Seite des ursprünglichen Rechtecks in cm.
        $2 \cdot (2x + 3x : 2) = 35 \Leftrightarrow 4x + 3x = 35 \Leftrightarrow 7x = 35 \Leftrightarrow x = 5$
        Flächeninhalt des ursprünglichen Rechtecks:
        5 cm · 15 cm = 75 cm²

Flächeninhalt des neuen Rechtecks:
10 cm · 7,5 cm = 75 cm²
Die beiden Rechtecke haben denselben Flächeninhalt.

24.   Ist x die Zehnerziffer, so ist (x + 4) die Einerziffer.
$10x + (x + 4) + 36 = 10 · (x + 4) + x$ $\Leftrightarrow$
$10x + x + 4 + 36 = 10x + 40 + x$ $\Leftrightarrow$
$11x + 40 = 11x + 40$
Die Bedingungen sind für die zweistelligen Zahlen 15, 26, 37, 48 und 59 erfüllt.

25.   x sei die Anzahl der Bonbons in der Tüte.
$3 · (2x - 5) + x = 6x + 11$ $\Leftrightarrow$ $6x - 15 + x = 6x + 11$
$\Leftrightarrow$ $7x - 15 = 6x + 11$ $\Leftrightarrow$ $x = 26$
Die Tüte enthält 26 Bonbons, also bekommt Kai 13 Bonbons.